# EQUILÍBRIO SOCIAL NA ERA DIGITAL

# EQUILÍBRIO SOCIAL NA ERA DIGITAL

Editado por
**Sarah Eekhoff Zylstra**

*Com a colaboração de Jen Wilkin,*
*Melissa Kruger, Laura Wifler e mais.*
*Posfácio de Ruth Chou Simons*

**Dados Internacionais de Catalogação na Publicação (CIP)**
**(eDOC BRASIL, Belo Horizonte/MG)**

Z99e  Zylstra, Sarah Eekhoff.
Equilíbrio social na era digital / Sarah Eekhoff Zylstra; tradução Thaís Pereira Gomes. – São José dos Campos, SP: Fiel, 2023.
14 x 21 cm

Título original: Social sanity in an Insta World
ISBN 978-65-5723-272-9

1. Redes de computadores – Aspectos sociais. 2. Redes sociais. 3. Equilíbrio social. I. Gomes, Thaís Pereira. II. Título.

CDD 303.483

**Elaborado por Maurício Amormino Júnior – CRB6/2422**

---

EQUILÍBRIO SOCIAL NA ERA DIGITAL

Traduzido do original em inglês
*Social Sanity in an Insta World*

Copyright © 2022 por The Gospel Coalition

∎

Originalmente publicado em inglês por
The Gospel Coalition
P.O. Box 170346 Austin,
Texas 78717

Copyright © 2022 Editora Fiel
Primeira edição em português: 2023

Todos os direitos em língua portuguesa reservados por Editora Fiel da Missão Evangélica Literária

PROIBIDA A REPRODUÇÃO DESTE LIVRO POR QUAISQUER MEIOS SEM A PERMISSÃO ESCRITA DOS EDITORES, SALVO EM BREVES CITAÇÕES, COM INDICAÇÃO DA FONTE.

Os textos das referências bíblicas foram extraídos da Versão Almeida Revista e Atualizada, 2ª ed. (Sociedade Bíblica do Brasil), salvo indicação específica.

∎

Editor-chefe: Tiago J. Santos Filho
Editor: Renata do Espírito Santo
Supervisor Editorial: Vinícius Musselman
Coordenação Editorial: Gisele Lemes
Tradução: Thaís Pereira Gomes
Revisão: Shirley Lima
Diagramação: Rubner Durais
Capa: Rubner Durais
ISBN brochura: 978-65-5723-272-9
ISBN e-book: 978-65-5723-271-2

Caixa Postal 1601
CEP: 12230-971
São José dos Campos, SP
PABX: (12) 3919-9999
www.editorafiel.com.br

# SUMÁRIO

Introdução ................................................................. 7
*Sarah Eekhoff Zylstra*

1   História: Entendendo a trajetória das redes sociais ....17
    *Sarah Eekhoff Zylstra*

2   Identidade: Aceitando seus limites............................ 39
    *Jen Wilkin*

3   Emoções: Guardando seu coração ........................... 51
    *Gretchen Saffles*

4   Discernimento: Escolhendo a melhor parte.............. 65
    *Melissa Kruger*

5   Influência: Seguindo a sabedoria............................. 81
    *Laura Wifler*

6   Relacionamentos: Amando da melhor forma ........... 95
    *Stephanie Greer*

7   Ritmos: Reivindicando seu tempo .........................109
    *Ana Ávila*

8   Decisões: Escolhendo ficar ou sair ..........................125
    *Emily Jensen*

Posfácio: Fazendo boas postagens ...........................141
*Ruth Chou Simons*

# INTRODUÇÃO

*SARAH EEKHOFF ZYLSTRA*

Toda semana, meu marido, Adam, me deixa fora das minhas redes sociais.

Basicamente, isso acontece com o Facebook. Tenho uma conta no Instagram, que nunca uso, e uma conta no Twitter, na qual, vez ou outra, compartilho histórias que escrevo para a Coalizão pelo Evangelho (TGC). Mas é o Facebook que realmente atrai a minha atenção.

O fato é que amo ver as atualizações de minha família e dos amigos saindo de férias, anunciando uma gravidez ou contando que mudaram de emprego. Com sinceridade, amo essas pessoas e amo saber o que estão fazendo. E realmente quero me alegrar com os que se alegram e chorar com os que choram (Rm 12.15). Quero encorajar meus amigos e ser encorajada por eles — quero viver na comunidade das redes sociais, cuja existência Deus permitiu por meio de suas boas dádivas.

Contudo, pouco tempo atrás — para ser sincera, *anos* atrás —, comecei a perceber como eu me sentia horrível depois de olhar as redes sociais. Eu me sentia ansiosa, descontente e impaciente — mesmo sem ter lido notícias de partidos políticos e sem (conscientemente) invejar as férias das outras pessoas.

Mesmo entrando no Facebook com cuidado — sabedora de todos os perigos da inveja, do desperdício de tempo e do orgulho —, *ainda assim* eu saía me sentindo arrasada e culpada acerca dos projetos de reforma da casa que eu não estava fazendo, pelas viagens que eu não estava tendo e pelas experiências que eu não estava proporcionando aos meus filhos. Então, eu me sentia mal por não postar o bastante, ou por postar demais, ou por postar as coisas erradas. Algumas vezes, isso me levava a brigar injustamente com a minha família e, então, eu me sentia culpada.

Adam parecia não ter esse problema — ele acha as redes sociais entediantes —, de modo que eu pensava que o problema era só comigo. Mas o que eu não sabia era o seguinte: pesquisas mostram que as mulheres usam as redes sociais para construir relacionamentos, enquanto os homens as usam de forma mais transacional, como, por exemplo, para encontrar informações ou interagir profissionalmente com novos contatos.[1] É possível, literalmente, aferir as diferentes perspectivas:

- Mulheres usam mais as redes sociais do que homens, e tendem a entrar nelas várias vezes ao longo do dia.[2]

---

[1] Nicole L. Muscanell e Rosanna E. Guadagno, "Make new friends or keep the old: gender and personality differences in social networking use" *Computers in Human Behavior* 28, n. 1 (jan. 2012), p. 107-12.
[2] Jeff Clabaugh, "Why women check social media more than men", *WTOP News*, 22 out. 2018. Disponível em: https://wtop.com/business-finance/2018/10/why-women-check-social-media-more-than-men.

- Quando estão on-line, as mulheres são mais acolhedoras que os homens. Elas tendem a usar mais *emojis* sorrindo e abraçando, mais abreviações, pontos de exclamação (!!!) e OMGs e LOLs.[3] (Homens escrevem apenas "ok".)[4]
- As mulheres também empregam mais uma linguagem hesitante ("hummm"), pronomes pessoais ("eu" e "vc") e escrita informal ("O queeeê!?" ou "Que boooom!").
- As mulheres produzem mensagens mais curtas e as postam duas vezes mais que os homens.[5] Elas tendem a escrever sobre assuntos pessoais (gratidão, diversão com a família, aniversários, pedidos de ajuda ou oração), enquanto os homens preferem temas mais abstratos (política, reflexões, cristianismo, esportes).[6]
- No geral, as mulheres recebem mais comentários que os homens.[7]
- Mulheres postam mais *selfies* e fotos nas quais olham diretamente para a câmera.[8] Homens tendem a postar fotos de corpo inteiro ou que incluam outras pessoas.

---

3 N.T.: OMG (abreviação do inglês, *Oh My God!*) é uma expressão de exclamação que significa literalmente "Meu Deus!" ou "Minha nossa!"; LOL (abreviação do inglês, *laughing out loud*, literalmente "rindo muito alto") significa algo como "estou morrendo de rir".
4 Aleksandra Atanasova, "Gender-specific behaviors on social media and what they mean for online communications", *Social Media Today*, 6 nov. 2016. Disponível em: https://www.socialmediatoday.com/social-networks/gender-specific-behaviors-social-media-and-what-they-mean-online-communications.
5 Moira Burke, Robert Kraut e Yi-Chia Wang, "Gender, topic, and audience response: an analysis of user-generated content on Facebook", *Meta Research*, 27 abr. 2013. Disponível em: https://research.facebook.com/publications/gender-topic-and-audience-response-an-analysis-of-user-generated-content-on-facebook/.
6 Idem.
7 Idem.
8 "Selfieexploratory", *SelfieCity*. Disponível em: http://selfiecity.net/selfiexploratory. Acesso em: 13 jan. 2022.

- Mesmo quando segue uma marca específica,[9] as mulheres são mais propensas a se relacionar — dando *feedback* ou entrando em sorteios — do que os homens.[10]

Nesse contexto, parece que ser mulher on-line deve ser realmente algo caloroso e aconchegante, não é mesmo? Mas não é assim que funciona, pois há uma desconexão entre a maneira como *escrevemos nossas postagens* e a maneira como *lemos as postagens de outras pessoas*.

O caso é o seguinte: minhas postagens são sempre animadas: "*Escrevi um livro! E meu filho tirou nota máxima no vestibular!! E nas férias fizemos um cruzeiro!!!*"

Ao compartilhar essas coisas, eu estava no ápice da adrenalina da realização. Queria que alguém se empolgasse junto comigo, queria compartilhar minha alegria com aqueles que me amam (e que amam meu filho). Queria criar uma conexão — queria que meus amigos soubessem o que tinha acontecido comigo.

Mas provavelmente não é assim que meus amigos leem essas postagens. Eu sei disso porque não é assim que eu leio as postagens deles. Pelo amor de Deus, outro dia fiquei com inveja quando um de meus amigos comeu no Dunkin'Donuts!

Essa desconexão — que acontece por causa de uma realidade virtual em que você pode escolher como deseja se mostrar — conduz ao que parece ser uma constante "inveja nas redes sociais",

---

9 Nina Haferkamp, Sabrina C. Eimler, Anna-Margarita Papadakis e Jana Vanessa Kruck, "Men are from Mars, women are from Venus? Examining gender differences in self-presentation on social networking sites", *Cyberpsychology, Behavior, and Social Networking* 15, n. 2 (fev. 2012).
10 "Women are driving the social media revolution", *ConnectAmericas*. Disponível em: https://connectamericas.com/content/women-are-driving-social-media-revolution. Acesso em: 13 jan. 2022.

sentimento que dois terços das mulheres têm pelo menos uma vez por mês, e um quarto, cerca de três ou mais vezes por mês.[11] Há uma quantidade crescente de pesquisas acadêmicas sobre a ligação entre redes sociais, inveja, ansiedade e depressão (basta procurar "inveja nas redes sociais" no Google Acadêmico para ver uma boa amostra delas).

Eu sabia que o tempo on-line não me fazia bem, então resolvi entrar menos nas redes sociais e ser mais disciplinada com o que eu via e por quanto tempo. Mas isso funcionou como colocar um alcoólatra na frente de uma garrafa de cerveja e lhe dizer para não beber. Meu domínio próprio não era páreo para o Facebook.

Assim, pedi para Adam travar meu uso das redes sociais. Ele se mostrou mais do que disposto — acho que ele mudou as senhas antes mesmo de eu terminar de lhe pedir. Nos últimos dias, ele me deixou entrar no domingo à tarde para dar uma olhada no Facebook e no Twitter, depois voltou a travar. (Se você me viu postando durante a semana é porque mandei um e-mail para ele e ele postou por mim.)

Gostaria de poder dizer que esse uso restrito e estruturado das redes sociais resolveu tudo. Mas não resolveu — e quase foi pior. Quando eu entrava, na mesma hora me sentia viciada em rolar a tela e impaciente para sair. E, quando terminava, eu me sentia tão culpada, ansiosa, descontente e impaciente quanto antes.

---

11 Alexandra Samuel, "Jealous of your Facebook friends? You're not alone", *Experience*, 13 mar. 2019. Disponível em: https://expmag.com/2019/03/jealous-of-your-facebookfriends-you-re-not-alone.

A esta altura, talvez você esteja fazendo a mesma pergunta que eu fiz a mim mesma milhares de vezes: *Por que você simplesmente não saiu das redes sociais?*

Sim, por que eu não saí? Às vezes, a resposta que eu dava a mim mesma era: "Bem, não saio porque gosto de ver as atualizações de todos". E eu via essas atualizações, mas sejamos sinceras: uma olhada rápida em algumas postagens uma vez por semana não estava me munindo de muita informação. E eu já vivi o bastante para saber que a informação que eu estava vendo on-line era apenas uma parte da história.

Outras vezes, minha resposta era: "Não saio porque preciso das redes sociais para o meu trabalho". E parte disso era verdade. Não porque várias pessoas encontram meu trabalho ali (afinal, meu número de seguidores é pequeno demais para eu ter algo semelhante em uma plataforma), mas, sim, porque meu trabalho envolve muita pesquisa, e poder acessar a conta de outras pessoas é algo bastante útil. Mas meu trabalho certamente não requer que eu fique rolando a tela aleatoriamente todo domingo à tarde.

Não, a verdadeira resposta era mais profunda e sombria. Eu ficava presa no Facebook porque essa era minha identidade on-line: a pessoa que eu criei com anos de fotos alegres e comentários divertidos acerca da minha vida diária. Era a versão cor-de-rosa da minha vida: minha melhor versão; a mais alegre, bondosa e interessante versão de mim. Se eu saísse do Facebook, seria apenas meu eu normal. E meu eu normal não é perfeito, nem absolutamente imperfeito. Meu eu normal é meio entediante, é uma bagunça de pecados e erros e louça suja acumulada na pia.

Buscar um tipo de salvação via Facebook... Deus me livre! Acredite, eu sabia que isso era um problema. Sabia que ali eu tinha pecados a escavar, olhar, confessar e me arrepender. (Será que você também tem?) Mas, mesmo fazendo isso, eu não sabia se meu objetivo final deveria ser sair das redes sociais. Parecia haver graça mútua em compartilhar um pouco a vida — não da mesma forma que pessoalmente, é claro, mas encontrando receitas saudáveis, recomendando bons lugares para passar as férias ou lendo belas reflexões bíblicas. As redes sociais constroem comunidades — de certa forma — e são uma praça pública que não tenho certeza de que os cristãos devem abandonar. Parecia que, de algum modo, eu devia ser capaz de usar essa plataforma para Jesus.

Você também se sente assim?

Mas *como*? Como podemos ser prudentes como as serpentes e símplices como as pombas nas redes sociais (Mt 10.16)? Como podemos proteger nosso tempo e nosso coração da inveja, da ira e da preguiça? Como podemos encorajar outras pessoas sem ser simplistas demais? Como podemos compartilhar sem ficar nos vangloriando? Como podemos desafiar ou corrigir outras pessoas sem ofender desnecessariamente? Como podemos ser vulneráveis sem reclamar, e alegres sem parecer falsas?

Assim como eu, talvez você tenha olhado ao redor e não tenha encontrado muitas orientações cristocêntricas para as mulheres cristãs.

Amar nossas amigas em uma comunidade real já é difícil o suficiente. Amá-las on-line — em uma comunidade virtual com algoritmos, propagandas e informações individualmente selecionadas — é bem mais traiçoeiro. "Seja gentil", "compartilhe versículos bíblicos motivadores", "não se orgulhe de ser humilde": muitos desses conselhos que ouvimos são bons.[12] Mas não parecem ser *o bastante*. As redes sociais são um monstro enorme, e nós precisamos de mais do que um "imponha um limite de tempo" — por mais útil que seja! — para nos ajudar a pensar nelas de forma cristocêntrica.

> DE FORMA "CRISTOCÊNTRICA" SIGNIFICA QUE ESTAMOS ANCORADAS E SEMPRE NOS VOLTANDO PARA AS BOAS-NOVAS DA SALVAÇÃO PELA FÉ SOMENTE EM CRISTO SOMENTE.

Eu queria que alguém me ajudasse a ver a graça comum de Deus no Facebook — e as limitações dessa mídia social. Queria saber se o Facebook poderia ser redimido para se tornar uma ferramenta apta a servir ou se seria melhor se eu saísse dessa rede, assim como José do Egito fugiu da tentação.

Este livro mudou a minha história, e acredito que possa mudar a sua também.

O que vamos fazer é o seguinte: primeiro, vou lhe oferecer um breve histórico das redes sociais (especialmente no que tange às mulheres), porque, para mim, já é difícil lembrar quando foi que comecei a postar. Parece que o Facebook sempre existiu... mas isso não é verdade. O Facebook nem tem idade para beber álcool e o Instagram ainda está no ensino médio.

---

12  Tim Arndt, "15 things christians should stop doing on social media", *Relevant Magazine*, 5 nov. 2021. Disponível em: https://www.relevantmagazine.com/culture/christians-lets-all-stop-doing-these-15-things-on-social-media/.

Se história não é a sua praia, não se preocupe: logo voltaremos ao presente — mas, sinceramente, só de dar uma olhada em como essas plataformas surgiram, você já vai entender que sua luta com as redes sociais não é só porque você não tem domínio próprio.

Depois disso, temos sete capítulos e um posfácio, cada um escrito por uma mulher que ama a Deus, que é sábia e que tem uma longa experiência em redes sociais. Em cada área — identidade, emoções, discernimento, influência, relacionamentos, ritmos e a decisão entre ficar ou sair —, as autoras compartilham três aspectos:

1. *Pontos positivos:* a graça comum encontrada na área abordada;
2. *Pontos negativos:* os problemas mais comuns que surgem nessa área; e
3. *Princípios:* os princípios bíblicos que podem ajudar-nos a lidar de modo eficaz com essa área.

Espero que você considere as reflexões e os conselhos dessas mulheres tão valiosos quanto eu achei. Adam ainda me deixa fora das redes sociais, já que ninguém precisa olhar sua própria conta com tanta frequência como eu costumava fazer. Ainda luto com o que devo postar, por que e em que medida. E, algumas vezes, ainda me vejo parada no tempo, rolando a tela.

Mas, agora, quando acesso as redes sociais, já consigo pensar em minha interação de uma perspectiva bíblica e com um coração que encontra sua identidade somente em Cristo. Pelo menos tenho um ponto de partida, e sei que estou caminhando na direção certa. E isso fez uma diferença gigantesca.

## QUESTÕES PARA REFLEXÃO OU DISCUSSÃO

*Para começar:* Qual é sua rede social preferida? Por que você gosta dela?

1. "As mulheres usam as redes sociais para construir relacionamentos" (p. 8). De que maneira você usa as redes sociais para construir relacionamentos? Quais dos exemplos das páginas 8-9 você observa em sua rotina?
2. Qual é sua perspectiva quando você posta nas redes sociais? Qual é sua perspectiva quando vê as postagens de outras pessoas? Por que isso pode causar tensão em seu coração?
3. Você já pensou em sair das redes sociais? Por que ainda permanece nelas?
4. O que você espera obter com a leitura deste livro?

*Estudo adicional:* Leia Salmos 119.37

1. O salmista pede que Deus desvie seus olhos do quê?
2. O salmista deseja voltar-se para quê?
3. Onde encontramos a revelação dos caminhos de Deus? De acordo com esse versículo, o que os caminhos de Deus nos proporcionam?
4. De que maneira, algumas vezes, as redes sociais podem ser "vaidade" ou "não valer a pena"?
5. De que maneira o fato de usá-las de acordo com os caminhos de Deus pode nos dar vida?

# 1
# HISTÓRIA: ENTENDENDO A TRAJETÓRIA DAS REDES SOCIAIS

*SARAH EEKHOFF ZYLSTRA*

No outono de 2003, Mark Zuckerberg estava irritado com uma garota.[1]

Com a finalidade de se distrair e não pensar nela, o aluno do segundo ano de Harvard brincava on-line e logo começou a *hackear* os sites da universidade para reunir fotos de identificação dos alunos. "Um pouco maldoso", o gênio dos computadores agrupou as fotos em pares em um site chamado Facemash e pediu que as pessoas votassem em quem tinha a melhor aparência.

"Vamos poder entrar por causa da nossa aparência? Não. Seremos julgados por causa dela? Sim", escreveu ele.

---

[1] Bari M. Schwartz, "Hot or not? Website briefly judges looks", *The Harvard Crimson*, 4 nov. 2003. Disponível em: https://www.thecrimson.com/article/2003/11/4/hot-or-not-website--briefly-judges.

Poucas horas depois, 450 pessoas já haviam votado pelo menos 22 mil vezes. Funcionários da escola descobriram o site e interromperam seu funcionamento, dando uma advertência a Zuckerberg por quebra de segurança e violação de privacidade individual.[2]

No entanto, Zuckerberg, especialista em psicologia, não conseguia parar de reunir e organizar informações úteis — no ensino médio, ele havia criado um programa capaz de fazer recomendações de músicas com base no que o usuário tivesse ouvido. No começo do mesmo ano, ele já havia lançado o CourseMatch, que deixava a pessoa saber quem se matriculou em quais matérias de Harvard para tomar sua decisão com base nessa informação.

Quatro meses depois do Facemash, Zuckerberg lançou o TheFacebook, no qual os alunos de Harvard podiam carregar suas próprias fotos e algumas informações pessoais — suas especialidades, eventuais participações em clubes, suas citações favoritas —, conectando-se às páginas de seus amigos.

Um dia depois, TheFacebook tinha entre 1.200 e 1.500 membros.[3]

"Em uma semana, parecia que a escola inteira se havia cadastrado", disse um veterano. Três semanas depois, Zuckerberg abriu o TheFacebook para alunos de outras universidades; em setembro, já contava com 250 mil usuários. (Zuckerberg não voltou às aulas.)

Dentro de poucos anos, parecia que o mundo inteiro se cadastrara. Minha primeira postagem no Facebook — de 1º de junho

---

[2] Katharine A. Kaplan, "Facemash creator survives ad board", *The Harvard Crimson*, 19 nov. 2003. Disponível em: https://www.thecrimson.com/article/2003/11/19/ facemash-creator--survives-ad-board-the.
[3] John Cassidy, "Me media", *The New Yorker*, 7 maio 2006. Disponível em: https://www.newyorker.com/magazine/2006/05/15/me-media.

## História: entendendo a trajetória das redes sociais | 19

de 2007 — foi de quatro fotos do meu filho. Ele tinha um ano de idade, bochechas rechonchudas e cachos ruivos. Postei uma foto dele ajudando na cozinha, duas no Millennium Park (no centro de Chicago) e uma mastigando uma escova de dentes.

"Ora, ora, ora, você finalmente cedeu e criou seu próprio perfil, hein?", postou uma amiga em minha página. "Você vai adorar. Ah, e só avisando: é bem viciante."

Ela estava certa nas duas coisas. *Era* viciante. (Falarei mais sobre isso depois.) E eu *estava* atrasada para a festa — mas foi difícil chegar cedo a essa festa, porque ela passa *rápido* demais. O próprio Facebook estava atrasado, vindo depois de SixDegrees, Friendster, LinkedIn e MySpace. E, logo depois, vieram YouTube, Twitter, Tumblr, Instagram, Snapchat e Vine. Nos últimos 25 anos, a festa das redes sociais foi uma reviravolta de idas e vindas.

Em 2021, 78% das mulheres nos Estados Unidos usavam pelo menos uma plataforma de rede social. Quase todas estavam no Facebook, que, nesse mesmo ano, contava com 2,85 *bilhões* de usuários ativos mensalmente. (Para fins de comparação, nesse mesmo ano, havia pouco menos de oito bilhões de pessoas *no planeta*.)

> EM 2021, A TGC ENVIOU UMA PESQUISA PARA MULHERES QUE PARTICIPARAM DE SUAS CONFERÊNCIAS OU QUE ASSINARAM SUAS LISTAS DE E-MAIL. DAS QUASE 1.500 QUE RESPONDERAM, 99% USAVAM REDES SOCIAIS.

É importante observar isso porque, embora dezenas de sites tenham tentado hospedar redes sociais, o Facebook superou todos eles. E, para entender como interagimos on-line — e como *deveríamos* interagir on-line –, primeiro temos de entender a comunidade em evolução que estamos frequentando.

## FASE UM: DIÁRIO ON-LINE (1997-2005)

No começo — ou seja, no fim dos anos 1990 e início dos anos 2000 — os blogs e as contas de redes sociais não eram muito diferentes de escrever uma carta usando papel e caneta. Quem teve o SixDegrees (lançado em 1997) ou o Friendster (lançado em 2002) podia criar um perfil, adicionar amigos e trocar mensagens — parecia uma mistura de e-mail com uma robusta lista telefônica.

Quem teve o LiveJournal ou o Blogger (ambos lançados em 1999) podia carregar palavras e criar um diário on-line. Podia acrescentar uma ou duas fotos, mas a internet não era suficientemente boa para suportar muitas imagens, vídeos, figurinhas e filtros. Então, a princípio, o que se postava eram palavras.

Como destinatários de uma carta, os que liam aquelas palavras eram poucos e provavelmente eram aqueles que conheciam bem a pessoa na vida real. (Às vezes, eu lia os blogs de um primo e de um amigo, que continham atualizações bem informativas sobre festas de aniversário e recitais de piano.) A internet ainda era algo um tanto novo — apenas metade dos adultos norte-americanos tinha acesso a ela em 2000, e a maior parte era por causa do trabalho ou da faculdade.[4] As pessoas preferiam o e-mail ao MySpace — mesmo em 2005, apenas 5% dos norte-americanos usavam redes sociais.

---

4 "Internet/broadband fact sheet", Pew Research Center, 7 abr. 2021. Disponível em: https://www.pewresearch.org/internet/fact-sheet/internet-broadband.

Assim, os primeiros usuários não podiam depender de postagens nas redes sociais para anunciar uma gravidez ou uma mudança de emprego. As redes sociais eram só para diversão, e a maioria das pessoas não as acessava todos os dias. (Eu acessava meus dois blogs mais ou menos uma vez por mês.) A motivação para as postagens e os blogs era pessoal — as pessoas escreviam para sua família e para seus amigos, ou apenas para si mesmas, de forma anônima, para qualquer um ler.

Isso também fazia a motivação parecer autêntica. Os blogueiros não ganhavam dinheiro, então escreviam sobre aquilo que lhes interessava ou sobre o que sabiam — política, esportes ou atualidades. E boa parte deles — principalmente as mulheres — escrevia sobre a vida diária.[5] Elas compartilhavam coisas que não se leem nas glamourosas revistas femininas (e coisas que você não iria querer perguntar à sua mãe): falavam sobre fraldas transbordantes e amamentações dolorosas, e sobre como era solitário ficar em casa com bebês.

> CERCA DE 25% DAS MULHERES QUE RESPONDERAM À PESQUISA DA TGC DISSERAM QUE ENTRARAM NAS REDES SOCIAIS EM 2004 (QUANDO O FACEBOOK FOI LANÇADO) OU EM 2006 (QUANDO ELE FOI ABERTO AO PÚBLICO).

Para muitas mulheres, compartilhar suas experiências — ou ler a de outras pessoas — era tanto um exercício terapêutico como uma forma de amizade. Três em cada cinco mulheres agora

---

5 David Hochman, "Mommy (and me)", *New York Times*, 30 jan. 2005. Disponível em: https://www.nytimes.com/2005/01/30/fashion/mommy-and-me.html.

estavam na força de trabalho, e as cinco eram menos propensas do que as gerações anteriores a pertencer a igrejas, comunidades e organizações voluntárias.[6] Enquanto nossas avós partilhavam café e receitas com as vizinhas na rua, nossas mães abriam caminho para o contexto de famílias com dois empregos, transitavam pela periferia e compravam televisões — acontecimentos que Robert Putnam, que, em 2000, escreveu *Bowling Alone* [Jogando boliche sozinho], identifica como os principais motivos para o declínio da comunidade nos Estados Unidos.[7]

Era exatamente nessa situação que eu me encontrava por volta de 2006. Mãe de primeira viagem em uma comunidade nova, com um trabalho de meio-período e um marido que trabalhava em tempo integral, eu ficava pensando em como preencher as longas horas, como manter o bebê dormindo e como preparar o jantar. Ficar em casa era mais solitário do que eu imaginava, e as redes sociais eram um ótimo lugar para eu me sentir passando um tempo com amigos em meio às tarefas do dia.

## FASE DOIS: O MEIO DETERMINA A MENSAGEM (POR VOLTA DE 2006)

Antes de eu entrar no Facebook, se uma usuária quisesse ver o que sua amiga estava fazendo, tinha de visitar a página ou o blog dessa amiga. Se a amiga não tivesse postado nada de novo, a usuária pensava em outra pessoa que ela gostaria de ver e acessava essa página. Se cansasse de procurar por atualizações e novos

---

6 "Record number of women in the U.S. Labor Force", Population Reference Bureau, 1º fev. 2001. Disponível em: https://www.prb.org/resources/record-number-ofwomen-in-the-u-s--labor-force.

7 Robert D. Putnam, *Bowling alone: the collapse and revival of american community* (Nova York: Simon & Schuster, 2000).

conteúdos, desistia e ia fazer outra coisa. Ou poderia se inscrever para receber os informativos do blog, que vinham regularmente para seu e-mail — como se fosse um jornal ou uma revista.

Foi então que o Facebook — seguindo o padrão dos canais de televisão com noticiários 24 horas no ar — inventou o *feed* de notícias. A equipe reunia as atualizações sobre os amigos do usuário — que postavam uma foto, alteravam o *status* de seus relacionamentos ou iam a festas — e as priorizavam em uma lista em constante atualização. Eles trabalharam nisso por mais de um ano, lançando a novidade em uma meia-noite de setembro de 2006 e abrindo uma garrafa de champagne para comemorar — eles haviam acabado de tornar as coisas bem mais fáceis e menos demoradas para seus usuários. Então, foram dormir.

"Acordamos com centenas de milhares de pessoas enfurecidas", escreveu Ruchi Sanghvi, programador do Facebook. "No meio da noite, surgiram grupos do Facebook com nomes como 'Eu odeio o *feed* de notícias', 'Ruchi é uma droga'. Repórteres e estudantes estavam acampados em frente aos escritórios. Tivemos que nos esgueirar pela porta dos fundos para poder sair do trabalho."[8]

Alguns queriam fazer um boicote, argumentando que, "antes do *feed*, já era fácil demais espionar alguém na escola ou na lista de amigos, mas, com o surgimento do *feed*, ficara quase impossível não ser 'espionado' ou 'espionar' outras pessoas. Sem esforço algum, agora uma pessoa consegue visualizar a mudança de *status*

---

8 Ruchi Sanghvi, "Yesterday mark reminded me it was the 10 year anniversary of news feed", Facebook, 7 set. 2016. Disponível em: https://www.facebook.com/ruchi/posts/10101160244871819.

de relacionamento de outras em sua lista de amigos, bem como as novas 'amizades' adicionadas pelos usuários e as fotos marcadas pelo usuário e por seus amigos".[9]

A sensação foi horrível, como se fosse uma violação da privacidade própria e alheia. Em menos de dois dias, um milhão de usuários — 10% da população do Facebook — tinha entrado em grupos contrários ao *feed* de notícias. Havia tantas pessoas protestando em frente aos escritórios do Facebook que a equipe teve de contratar uma empresa de segurança.[10]

Contudo, apesar de Zuckerberg ter pedido desculpas publicamente por criar o *feed* sem maiores explicações, não retrocedeu. O motivo foi o seguinte: ele viu que as *mesmas pessoas* que estavam protestando também estavam usando o Facebook *duas vezes mais* do que antes. Mesmo que o *feed* de notícias tivesse feito com que se sentissem espionando os outros, as pessoas não conseguiam deixar de olhar para ele.

Poucas semanas depois, quando o Facebook abriu as portas a qualquer um que quisesse entrar, as pessoas entraram — em uma taxa de cinquenta mil novos usuários por dia.[11]

> OITO EM CADA DEZ MULHERES QUE RESPONDERAM À PESQUISA DA TGC USAVAM O FACEBOOK.

---

9 A day without Facebook, site. Disponível em: http://daywithoutfacebook.blogspot.com. Acesso em: 13 jan. 2022.
10 Adam Fisher, "Sex, beer, and coding: inside Facebook's wild early days", WIRED, 10 jul. 2018. Disponível em: https://www.wired.com/story/sex-beer-and-coding-inside-facebooks-wild-early-days/.
11 David Kirkpatrick, *The Facebook effect: the inside story of the company that is connecting the world* (Nova York: Simon & Schuster, 2010), p. 197.

(Observação: em 2009, a equipe do Facebook notou que muitos dos comentários das postagens eram coisas como "Excelente!", "Que bom ouvir isso!" ou "Legal!". Assim, com o objetivo de limpar a seção de comentários e abrir espaço para interações mais significativas, eles acrescentaram o botão "curtir". No entanto, assim como o *feed* de notícias, o botão "curtir" mostrou-se algo viciante. Como um apostador em uma máquina de apostas, o cérebro não sabe quando ou quantas curtidas você vai receber por uma postagem. E, cada vez que aparece mais uma curtida, seu cérebro recebe mais uma dose da prazerosa dopamina. Desse modo, você continua nesse ciclo.)

O *feed* de notícias foi um divisor de águas — desde então, ele apareceu em outras plataformas de redes sociais (no Twitter, em 2006; no Instagram e no Pinterest, em 2010; no Snapchat, em 2011; no TikTok, em 2016), mudando a experiência com as redes sociais de duas formas cruciais.

Em primeiro lugar, mexeu com o impulso de autoentretenimento do usuário, fazendo-o ir atrás das plataformas de redes sociais. É como se sua mãe pegasse o balde de pipoca no balcão e o colocasse no sofá, onde você está assistindo a um filme na Netflix — a quantidade de esforço que você precisa fazer agora para continuar comendo passou a ser zero. Mesmo dizendo a mim mesma que vou olhar apenas uns poucos amigos, *sempre* acabo rolando o *feed* de notícias.

E, em segundo lugar, o *feed* mudou o tipo de atualização. Antes, você postava para os poucos amigos que se importassem em procurar você na rede. Agora, você posta para todas as pessoas a quem adicionou até hoje. Agora é preciso ter mais cuidado com o que você diz, com as fotos que escolhe e com a maneira como retrata a si mesma.

E, se você for boa nisso, pode começar a chamar a atenção, alcançando pessoas fora do seu círculo íntimo. Você pode conseguir um público — uma plataforma.

## ENQUANTO ISSO, DE VOLTA AO *BLOGGERNÁCULO*[12]

As primeiras plataformas on-line para mulheres eram blogs. Como escritora, você deve achar que blogs são a minha especialidade, mas o fato é que nunca comecei um — não por ter alguma objeção muito bem ponderada, mas simplesmente por não conseguir pensar no que dizer.

Acho que fui a única a ter esse problema, já que, entre 2003 e 2006, o número de blogs dobrou de trinta milhões para sessenta milhões.[13] Empresas, escolas de jornalismo e equipes de relações públicas começaram a levar os blogs a sério. Em 2005, foi a primeira vez que um blogueiro conseguiu entrar como imprensa na Casa Branca.[14]

A categoria de blogs de mães agora era grande o suficiente para se dividir em subcategorias — mães que cozinham, mães que fazem artesanato, mães do tipo "faça você mesma", mães da

---

12 N.T.: "Bloggernáculo" (junção de "blog" com "tabernáculo") foi como ficou conhecido o conjunto de blogs relacionados à igreja mórmon.
13 Donald K. Wright e Michelle D. Hinson, "How blogs and social media are changing public relations and the way it is practiced", *Public Relations Journal* 2, n. 2 (primavera de 2008). Disponível em: https://citeseerx.ist.psu.edu/viewdoc/download?doi=10.1.1.590.7572&rep=rep1&type=pdf.
14 Katharine Q. Seelye, "MEDIA; White House approves pass for blogger", *New York Times*, 7 mar. 2005. Disponível em: https://www.nytimes.com/2005/03/07/washington/media-white-house-approves-pass-for-blogger.html.

moda, mães degustadoras de vinho, mães cristãs. [Ann Voskamp começou seu blog em 2004; Ree Drummond iniciou *The Pioneer Woman* ("A mulher pioneira") em 2006].

E mães mórmons.

Escrever em blogs era algo natural para muitas jovens da comunidade dos Santos dos Últimos Dias. Os mórmons valorizam escrever diários, a família, uma vida saudável (sem álcool nem café) e economizar "fazendo você mesmo" — coisas que caem muito bem em blogs e redes sociais.[15] Em 2007, um ancião mórmon encorajou a criação de blogs em um discurso de abertura da Brigham Young University-Havaí. "Se você tem acesso à internet, em poucos minutos pode começar um blog e compartilhar aquilo que acredita ser verdade", disse ele aos estudantes.[16]

Em 2010, havia dois mil blogs de mães mórmons e um blog de paródias cômicas chamado *Seriously, so blessed!* ["Sério, que bênção!"], também criado por mórmons.[17] O público era enorme — e nem todos eram mórmons.[18]

"A vida delas não é nada parecida com a minha — eu sou a típica feminista ateia, superculta, com vinte e muitos anos, sem filhos — e, mesmo assim, estou completamente obcecada por seus

---

15 "Mormons", *History*, 20 dez. 2017. Disponível em: https://www.history.com/topics/religion/mormons.
16 Elder M. Russell Ballard, "Sharing the gospel using the internet", *Ensign* (jul. 2008). Disponível em: https://www.churchofjesuschrist.org/study/ensign/2008/07/sharing-the-gospel-using-the-internet.
17 Amelia Nielson-Stowell, "Mormon moms connect through blogs", *Deseret News*, 2 jun. 2010. Disponível em: https://www.deseret.com/2010/6/2/20118159/amelia-nielsons-towell-mormon-moms-connect-through-blogs; Molly Farmer, "A clever twist on mormon mommy blogs", *Deseret News*, 21 jul. 2008. Disponível em: https://www.deseret.com/2008/7/21/20379464/a-clever-twist-on-mormon-mommy-blogs.
18 Nona Willis Aronowitz e Brad Ogbonna, "Sister bloggers: why so many lifestyle bloggers happen to be mormon", *Good*, 1º dez. 2011. Disponível em: https://www.good.is/articles/sister-bloggers.

blogs", escreveu Emily Matchar, no blog *Salon*, em 2011.[19] "Em um dia normal, dou uma olhada em meia dúzia de blogs mórmons, vendo fotos Polaroid de cachorros com roupas de chuva e crianças com gravata-borboleta, lendo listas de gratidão e admirando trabalhos de costura."

Para pessoas não mórmons como Matchar, os blogs dessas mães foram como uma janela para um mundo aparentemente relaxante e pacífico, cheio de alegrias antiquadas, como amar seu marido, ficar em casa o dia inteiro com os filhos e decorar *cookies* com sua mãe e suas irmãs. Parecia uma versão do céu.

Algumas vezes, eu me pergunto se essa foi uma oportunidade que os cristãos desperdiçaram. Se fôssemos mais organizados, será que não poderíamos ter criado um exército de blogueiros para dar testemunho da verdade de Deus agindo em nossas vidas?

Talvez pudéssemos. Talvez ainda possamos. Mas teríamos de evitar os erros de algumas mães mórmons blogueiras, como, por exemplo, não mencionar muito o mormonismo ou retratar uma vida boa demais para ser verdade.[20]

A popularidade dessas vidas "alegres e brilhantes" estava no extremo oposto dos primeiros blogs, que tratavam da vida real de forma nua e crua. Parecia que estávamos de volta às revistas de moda, que, em larga escala, vendiam às suas leitoras as roupas perfeitas, as bolsas de bebê perfeitas e as decorações de casas perfeitas.

---

19 Emily Matchar, "Why I can't stop reading mormon housewife blogs", *Salon*, 15 jan. 2011. Disponível em: https://www.salon.com/2011/01/15/feminist_obsessed_with_ mormon_blogs.
20 Matchar, "Mormon housewife blogs"; Morgan Jones, "Are Utah and mormon mommy bloggers creating a false perception of reality?", *Deseret News*, 24 jan. 2017. Disponível em: https://www.deseret.com/2017/1/24/20604721/are-utah-and-mormonmommy-bloggers-creating-a-false-perception-of-reality.

Por que essa mudança? Se os leitores em geral eram atraídos pela sinceridade nua e crua daqueles primeiros dias, por que mudar?

Por motivos financeiros, meu caro Watson.

## FASE TRÊS: FOTOS E DINHEIRO (POR VOLTA DE 2010)

Foi na hora certa. Quatro meses depois do lançamento do iPhone 4 (o primeiro com câmera frontal), dois alunos de Stanford com cerca de vinte anos lançaram um aplicativo para compartilhar fotos. O Instagram foi sucesso imediato, conseguindo um milhão de usuários em poucos meses e sendo vendido para o Facebook por um bilhão de dólares em um prazo de dois anos.[21]

A facilidade de compartilhar fotos (e de editar e colocar filtro nelas) virou o jogo. Foi como mudar de preto e branco para colorido, de rádio para televisão. Parece que minha família inteira ficou mais fofa da noite para o dia e que momentos que antes eram normais — como pisar em uma poça de água na chuva, andar de bicicleta e ler livros juntos — de repente se transformaram em fotos planejadas. De forma alguma eu quis dizer isso em tom depreciativo, já que amei ver e registrar a beleza de nosso dia a dia. Mas você já sabe o perigo — mães passando mais tempo no celular do que com os filhos, e o malabarismo para fazer as coisas parecerem mais divertidas do que realmente são.

---

21 Statista Research Department, "Percentage of U.S. adults who use Instagram as of February 2021, by gender", *Statista*, 14 abr. 2021. Disponível em: https://www.statista.com/statistics/246195/share-of-us-internet-users-who-use-instagram-by-gender.

> MULHERES NORTE-AMERICANAS QUE USAM O INSTAGRAM: 44%; MULHERES QUE RESPONDERAM À PESQUISA DA TGC E QUE USAM O INSTAGRAM: 76%

Outro efeito: agora não era mais necessário ser um escritor talentoso para se tornar popular. Bastava ser capaz de tirar boas fotos. E as empresas em geral, que já estavam cercando as fronteiras dos blogs e redes sociais, encontraram um meio de ficar frente a frente com os milhões de usuários das redes sociais.

A coisa funciona assim: o cérebro humano processa imagens com muito mais rapidez do que textos — você consegue identificar os arcos do McDonald's e o sorriso da Amazon em um décimo de segundo. As fotos também servem para mexer com nossas emoções (você acharia mais fofo um bebê que eu lhe mostrasse do que um de quem eu apenas lhe falasse). As fotos ficam retidas em nossa memória por mais tempo que as palavras. Quando se adicionam fotos a uma postagem ou a um blog, há 40% mais de compartilhamento do que as postagens que não vêm acompanhadas de imagens.[22]

A essa altura, os blogs e as redes sociais se tornaram uma corrida do ouro para os publicitários. E dificilmente é possível culpá-los por isso — se antes você quisesse vender camisetas da Taylor Swift, teria de pagar por um comercial impresso (em um jornal ou uma revista de entretenimento) ou pagar por um horário comercial na televisão e torcer que acontecesse o melhor. Agora você pode pedir que o Facebook mostre seu comercial a

---

22 Attilio Botta, "5 reasons why your marketing needs images (and how to use them)", Bynder, última atualização em 27 de fevereiro de 2020, https://www.bynder.com/en/blog/the-impact-of-images.

mulheres de 18 a 24 anos que vivam em Chicago e nos arredores quatro semanas antes de um show da Taylor Swift.

Ou você pode pagar a um influenciador do Instagram — talvez alguém de 25 anos, com cem mil seguidores, que goste de música e viva em Chicago — para usar a camiseta, dizer como ela é confortável e deixar um link para sua loja.

Mulheres que eram populares nas redes sociais agora tinham a oportunidade de juntar alguns trocados, terminar de pagar as parcelas do carro ou — se forem realmente famosas — ajudar sua família. Algumas aproveitaram o sucesso on-line para lançar livros (em 2013, Glennon Doyle publicou *Carry on, warrior* [Em frente, guerreira]), apresentar programas de televisão (em 2015, Jen Hatmaker apresentou o *reality show Your big family renovation* [Sua grande renovação familiar]) e vender produtos (em 2017, as lojas Target começaram a vender a linha de decoração doméstica Magnólia, de Joanna Gaines). Em 2016, as empresas gastaram 255 milhões de dólares mensais com marketing via influenciadores.[23]

Para essas mulheres, as redes sociais se tornaram um negócio. Para serem bem-sucedidas, elas precisavam atrair cada vez mais seguidores, que iriam clicar e comprar aquilo que sua marca estivesse vendendo. Assim, suas postagens começaram a ser mais pensadas, e suas fotos, mais bonitas. Suas mensagens não visavam mais aos seus amigos, mas, sim, ao público mais amplo.

---

23 Deborah Weinswig, "Influencers are the new brands", *Forbes*, 5 out. 2016. Disponível em: https://www.forbes.com/sites/deborahweinswig/2016/10/05/influencers-are-the-new-brands.

Isso significava que mulheres não influenciadoras muito provavelmente estavam em um público, seguindo pessoas que nunca conheceram na vida real.

"Você não estava mais apenas olhando o que seu irmão fez no fim de semana", disse-me Laura Wifler, cofundadora da *Risen Motherhood* [Maternidade ressurreta]. "Agora você estava seguindo pessoas que nem sequer conhecia. Por que fazemos isso? Há um elemento de curiosidade nisso — para ver como o outro vive, o que as outras mães fazem."

> CERCA DE 50% DAS MULHERES QUE RESPONDERAM À PESQUISA DA TGC DISSERAM SEGUIR VÁRIOS INFLUENCIADORES POR DIVERSOS MOTIVOS, INCLUSIVE PARA ENTENDER A FÉ DESSAS PESSOAS OU SUA INSPIRAÇÃO DE ESTILO DE VIDA.

E há graça comum nisso — eu aprendi como dobrar lençóis com elástico corretamente, como memorizar versículos bíblicos de modo mais eficaz e como criar um guarda-roupa cápsula.[24] No entanto, como tudo o mais, as redes sociais também se baseiam em sistemas imperfeitos e povoados de pecadores. Também há um pouco de espionagem, ganância, ciúmes e de seguir alguém só para se sentir melhor consigo mesmo.

---

24 N.T.: Um "guarda-roupa cápsula" é um conjunto de poucas peças de roupa capazes de serem combinadas em um grande número de visuais. O objetivo é ter um visual adequado para cada ocasião sem ter que comprar muitas peças de roupa.

## FASE QUATRO: AS COISAS FICAM MAIS SOMBRIAS (POR VOLTA DE 2015)

Na segunda metade dos anos 2010, ficou mais fácil para mim ver os problemas com meu uso das redes sociais. A essa altura, eu não só sabia que estava seguindo pessoas que não eram realmente minhas amigas, como também sabia que não estava vendo a vida verdadeira delas.

"Para nós, 'viver on-line' hoje parece completamente diferente do que era quando começamos a construir essa comunidade, e o preço emocional e físico disso está rapidamente se tornando um perigo para a saúde", escreveu a blogueira popular (e ex-mórmon) Heather Armstrong ao desativar seu blog em 2015.[25] Ela estava lutando com a depressão, com um casamento fracassado e com a ética das experiências industriais para se anunciarem produtos.[26]

Seu casamento não foi o único a afundar por trás das aparências de perfeição on-line, e ela não foi a única a perder a fé. Glennon Doyle se separou de seu marido enquanto vendia um livro sobre seu casamento.[27] Mais tarde, ela se casaria com a estrela do futebol Abby Wambach. Jen Hatmaker anunciou que seu casamento acabara dez semanas depois de uma postagem comemorando o relacionamento com seu marido, Brandon. Ela

---

25 Heather Armstrong, "Looking upward and ahead" *Dooce*, 23 abr. 2015. Disponível em: https://dooce.com/2015/04/23/looking-upward-and-ahead.
26 Chavie Lieber, "She was the 'queen of the mommy bloggers'. Then her life fell apart", *Vox*, atualizado em 2 maio 2019. Disponível em: https://www.vox.com/the-highlight/2019/4/25/18512620/dooce-heather-armstrong-depression-valedictorian-of-being-dead.
27 Glennon Doyle, "I need to tell you something", *Momastery*, 1º ago. 2016. Disponível em: https://momastery.com/blog/2016/08/01/i-need-to-tell-you-something.

deixou de ir à igreja e desconstruiu sua fé.[28] Rachel Hollis (que ficou famosa depois de postar no Facebook uma foto de suas marcas de celulite) anunciou seu divórcio iminente cerca de um mês após lançar um podcast com seu marido em suas preliminares sexuais.[29]

A pressão também está começando a vir da parte dos filhos dos influenciadores, agora que alguns já têm idade suficiente para se mostrar contrários ao que seus pais compartilham on-line.[30]

No entanto, os influenciadores não são os únicos a passar por problemas on-line. Nos últimos cinco anos, surgiram alertas sobre:

+ a quantidade de tempo que as pessoas em geral gastam nas redes sociais (mais de 1.300 horas, em média, no ano de 2020);[31]
+ a natureza viciante das redes sociais (34% das mulheres declararam estar viciadas nas redes sociais em 2019, em comparação a 26% dos homens);[32]

---

28 Michael J. Kruger, "Jen Hatmaker and the power of de-conversion stories", *The Gospel Coalition*, 6 fev. 2018. Disponível em: https://www.thegospelcoalition.org/article/ jen-hatmaker-power-deconversion-stories.
29 Katherine Rosman, "Girl, wash your timeline", *New York Times*, 29 abr. 2021. Disponível em: https://www.nytimes.com/2021/04/29/style/rachel-hollis-tiktok-video.html.
30 Taylor Lorenz, "When kids realize their whole life is already online", *The Atlantic*, 20 fev. 2019. Disponível em: https://www.theatlantic.com/technology/archive/2019/02/when-kids-realize-their-whole-life-already-online/582916.
31 Peter Suciu, "Americans spent on average more than 1,300 hours on social media last year", *Forbes*, 24 jun. 2021. Disponível em: https://www.forbes.com/sites/petersuciu/2021/06/24/americans-spent-more-than-1300-hours-on-social-media/?sh=564a662547fc.
32 Statista Research Department, "Share of online users in the United States who report being addicted to social media as of April 2019, by gender", *Statista*, 19 out. 2021. Disponível em: https://www.statista.com/statistics/1081269/social-media-addiction-by-gender-usa.

* a desinformação, o ódio e o assédio que vemos nas redes sociais (64% dos norte-americanos disseram que as redes sociais têm um "efeito mais negativo do que positivo na maneira como as coisas acontecem nos Estados Unidos hoje");[33]
* a aparente correlação entre redes sociais e as crescentes taxas de ansiedade e depressão (especialmente entre meninas adolescentes).[34]

Não sei você, mas eu consigo me ver em cada um desses alertas. Ainda assim, a verdade é que creio que Jesus morreu para redimir o mundo. Creio que o Espírito Santo opera essa redenção no íntimo dos cristãos e por meio dos cristãos. E creio que a maravilhosa graça de Deus sustenta todas as coisas — desde os oceanos até as crianças e a internet.

## REDENÇÃO (HOJE)

Então, aqui estamos, em plataformas on-line que (por menores que sejam) são capazes de nos fazer sentir invejosas e ansiosas, viciadas e irritadas, mas que também nos possibilitam compartilhar nossas vidas, dar testemunho da bondade de Deus, encorajar outras pessoas e fazer contatos.

---

33 Brooke Auxier, "64% of Americans say social media have a mostly negative effect on the way things are going in the U.S. today", Pew Research Center, 15 out. 2020. Disponível em: https://www.pewresearch.org/fact-tank/2020/10/15/64-of-americans-say-social-media-have-a-mostly-negative-effect-on-the-way-things-are-going-in-the-u-s-today.

34 Fazida Karim, Azeezat A. Oyewande, Lamis F. Abdalla, Reem Chaudhry Ehsanullah e Safeera Khan, "Social media use and its connection to mental health: a systematic review", *Cureus* 12, n. 6 (jun. 2020). Disponível em: https:// www.ncbi.nlm.nih.gov/pmc/articles/PMC7364393; Shaohai Jiang e Annabel Ngien, "The effects of Instagram use, social comparison, and self-esteem on social anxiety: a survey study in Singapore", *Social Media + Society* (abr. 2020). Disponível em: https://journals.sagepub.com/doi/full/10.1177/2056305120912488; Jamie Ducharme, "Social media hurts girls more than boys", *Time*, 13 ago. 2019. Disponível em: https://time.com/5650266/social-media-girls-mental-health.

Mas como fazer isso bem?

Podemos começar fazendo a nós mesmas uma pergunta séria: Por que você está usando as redes sociais?

Você sabe por que ainda estou nessa... por problemas de identidade. (Você também?)

Como identidade parece ser algo fundamental, vamos começar por aí.

## QUESTÕES PARA REFLEXÃO OU DISCUSSÃO

*Para começar:* Quando você teve o primeiro contato com as redes sociais? Qual foi sua primeira postagem?

1. "... e as redes sociais eram um ótimo lugar para eu me sentir passando um tempo com amigos em meio às tarefas do dia" (p. 22). Essa tem sido sua experiência? Quais outras razões você tem para acessar as redes sociais?
2. De que maneira o *feed* de notícias mudou a experiência das redes sociais (p. 24)? Quais efeitos essas duas mudanças tiveram em seu envolvimento com as redes sociais?
3. Qual é a ligação entre redes sociais e dinheiro? Você já comprou alguma coisa nas redes sociais (ou por causa delas)? Já vendeu alguma coisa por meio delas? Por que é importante ter consciência da dimensão econômica das redes sociais?
4. Mesmo que você não goste de história e ciências sociais, por que é importante compreender o desenvolvimento das redes sociais? O que você aprendeu neste capítulo que alterou a forma como enxerga seu tempo on-line?

*Estudo adicional:* Leia Gênesis 3.1-21.
1. O que Deus ordenou a Adão e Eva (ver Gn 2.16-17)? O que Adão e Eva fizeram?
2. Quais foram as consequências do pecado de Adão e Eva?
3. Apesar da rebelião deles, qual foi a bênção que Deus prometeu?
4. Por que é importante para nós, no século 21, conhecer a história registrada nessa passagem?
5. Como isso ajuda a compreendermos as redes sociais como algo desenvolvido — e utilizado — por pecadores? Como Gênesis 3 pode levar-nos a ser cuidadosos em relação às redes sociais? Como Gênesis 3 pode nos dar esperança?

# 2
# IDENTIDADE: ACEITANDO SEUS LIMITES

*JEN WILKIN*

Se você fosse a única pessoa viva neste planeta, precisaria de sabedoria para viver, mas não uma sabedoria do tipo que vamos explorar nas páginas deste livro. Sua solidão eliminaria a necessidade de sabedoria para gerenciar suas interações *sociais*. Mas você não está sozinha neste planeta e, graças às redes sociais, está mais conectada do que nunca com as outras pessoas — para o bem ou para o mal.

As redes sociais não são más. Se fossem, você estaria segurando um livro muito menor, ou nem seria preciso um livro. Assim como dinheiro, poder e educação, as redes sociais podem ser "boas" ou "más", de acordo com os desejos da pessoa que as utiliza (o capítulo 7 falará mais a esse respeito). Se você já sofreu *bullying*, se já falaram mal de você, se já foi levada a cobiçar ou se simplesmente já se sentiu completamente irritada numa plataforma de rede social, então já conhece a parte má. Mas, se já foi movida a orar, adorar e doar dinheiro ou tempo como voluntária por causa de uma postagem nas redes sociais, então você também conhece o bem que elas podem fazer. Como toda ferramenta com grande poder, as redes sociais requerem sabedoria para uma boa utilização.

E essa é uma boa notícia, porque Deus prometeu dar sabedoria a quem a pedisse.

## CRIADAS PARA A COMUNIDADE

Em que sentido as redes sociais são *sociais*? Será que são sociais no mesmo sentido em que uma festa com coquetéis é social, com uma grande sala cheia de conversação e alegria? Ou são sociais no mesmo sentido em que a previdência social é social, com um monte de pessoas contribuindo para uma causa em comum? Pensando bem, as redes sociais são sociais nesses dois sentidos. As redes sociais criam uma espécie de sociedade (ou comunidade organizada) ao permitir a comunicação entre indivíduos e grupos. Em sua forma atual, o meio em que as redes sociais acontecem é a internet e suas várias plataformas. Mas as redes sociais não são algo novo. Qualquer meio que permita a comunicação entre pessoas pode muito bem ser classificado como rede *social*.

Para os cristãos, um exemplo notável de rede social muito antiga é a ação conjunta de Bíblia e oração. Por meio da Escritura, Deus comunica seu caráter e sua vontade à igreja. Somos movidos por suas palavras a crescer no relacionamento com Deus, e o Espírito nos leva a orar. Deus nos fala usando o meio da Escritura e nós lhe respondemos usando o meio da oração. E, assim, surge uma sociedade, a qual chamamos de igreja, a comunhão dos santos. Uma comunicação influenciadora flui de Deus para a comunidade dos crentes, os quais a "curtem" e compartilham uns com os outros, comunicando-a de volta para Deus.

Não deveríamos ficar surpresos em descobrir que esses mesmos elementos em ação no Facebook também estão em ação em nossa antiga fé. Correndo o risco de dizer algo óbvio: o Deus do universo é profundamente social. Por toda a eternidade, o Pai, o Filho e o Espírito Santos têm vivido em sociedade uns com os outros. Três pessoas partilhando comunhão, unidade e comunicação entre si. Contudo, Deus não limitou sua natureza social à Trindade. Ele a estendeu à sua criação. Nos reinos animal e vegetal, encontramos comunidades sociais. Bandos de pássaros, grupos de peixes, manadas de elefantes e exércitos de formigas — do maior ao menor, no céu, na terra e no mar — são provas da natureza social de Deus. Até mesmo as árvores se comunicam umas com as outras.[1] Toda a criação conversa entre si e, ao fazê-lo, comunica a glória de seu Criador.

Talvez não haja nada na criação de Deus que fale mais claramente acerca de sua natureza social do que aqueles que foram feitos à sua imagem. Os seres humanos foram criados para a comunhão com Deus e uns com os outros. Não é bom que os seres humanos fiquem sozinhos — não é bom porque, ao estarmos sozinhos, não refletimos a imagem de um Deus profundamente social, como fomos criados para fazer. Fomos todos criados para a comunhão, fomos feitos para isso desde o princípio. O Deus que nos formou do pó o fez por razões relacionais.

---

1 Richard Grant, "Do trees talk to each other?", *Smithsonian*, mar. 2018. Disponível em: https://www.smithsonianmag.com/science-nature/the-whispering-trees-180968084/.

No entanto, desde que a serpente entrou em nossa rede social, estamos propensos a prejudicar nossas comunidades com a mesma frequência que as ajudamos. Por isso nossos formatos atuais de rede social requerem sabedoria em seu uso. Poderíamos tentar construir um modelo de como usar as redes sociais fazendo um estudo dos padrões negativos a serem evitados. Mas a Bíblia nos lembra que a sabedoria começa em um lugar bem específico: no temor do Senhor (Sl 111.10). Então, ao iniciarmos esse caminho específico em busca de sabedoria, vamos começar por aqui: pelo temor do Senhor.

> O TEMOR DO SENHOR É O PRINCÍPIO DA SABEDORIA; REVELAM PRUDÊNCIA TODOS OS QUE O PRATICAM. O SEU LOUVOR PERMANECE PARA SEMPRE. (Sl 111.10)

## NO PRINCÍPIO

Foi o temor do Senhor que Adão e Eva perderam de vista no jardim. Quando a serpente sugeriu que Eva comesse do fruto proibido, prometeu-lhe um benefício que parecia estranho demais: você será como Deus (Gn 3.5). Ser como Deus? Eva já era como Deus! Deus formou a humanidade à sua imagem, à sua semelhança. Adão e Eva foram projetados para refletir a natureza infinita de Deus na limitada forma humana. Qual vantagem, então, a proposta da serpente poderia ter? Se eles já refletiam Deus, que ganho teriam com o fruto?

O que a serpente ofereceu não era um conhecimento que faria os seres humanos refletirem Deus, mas, sim, a possibilidade de rivalizarem com ele. Ela lhes ofereceu um tipo de conhecimento que não foi feito para ser obtido por criaturas limitadas, mas apenas pelo próprio Deus. Os seres humanos não foram feitos para esse tipo de conhecimento, o qual, certamente, os destruiria. Entretanto, o encanto de ultrapassar os limites estabelecidos por Deus superou o desejo de portar sua imagem, como foram feitos para fazer. E o resto, como dizem por aí, você já sabe.

Há uma forma de usar as redes sociais que reflete a imagem de Deus. E há uma forma de usá-las que rivaliza com ele. A sabedoria busca a primeira forma. Mas de que forma, especificamente, as redes sociais nos seduzem a rivalizar com Deus em vez de refletir sua imagem? Permita-me sugerir três verdades que negamos quando utilizamos as redes sociais sem sabedoria.

### 1. Nós somos mutáveis; Deus, não.

Considere em que medida Deus é diferente de nós no que se refere à mutabilidade. Deus é imutável. Ele não é influenciável. Ele nunca lê uma postagem nas redes sociais e muda sua forma de pensar ou agir. Nem uma única vez ele repensou ou alterou seu gosto em termos de moda. A Rocha Eterna é eternamente a mesma. Ele sabe aquilo que nós não sabemos: ele sabe que o ladrilho branco do metrô de hoje é o entulho do aterro sanitário de amanhã, e que a discussão enfurecida de hoje é a piada de amanhã. Ele transcende nosso tempo mutável e o domina com a mão firme de seu governo imutável.

Nós, por outro lado, estamos abertos a influências, podemos ser balançados de um lado para outro. E isso não se deve a uma fraqueza moral. Isso é algo planejado. No algoritmo humano, a maleabilidade é algo normal, e não um erro. Isso significa que somos capazes de nos adaptar a circunstâncias mutáveis, de reconhecer e nos voltar daquilo que é perigoso ou errado para aquilo que é seguro e bom. É a nossa capacidade de sermos influenciados que nos permite sermos conformados à imagem de Cristo. Sob a influência certa, tornamo-nos plenamente humanos. Somos remoldados como os portadores da imagem de Deus que fomos criados para ser, refletindo, de maneira precisa, as perfeições de Deus para um mundo que necessita desesperadamente da influência desse testemunho.

Pense por um minuto em sua vida diária. Como as redes sociais têm afetado você? O que você viu nelas que alterou o conteúdo de sua despensa, de sua gaveta de medicamentos, de sua rotina de exercícios, de seu guarda-roupa ou da decoração da sua casa? Agora reflita sobre seus pensamentos. Quais acontecimentos atuais ou discussões sobre fé foram moldados por aquilo que você viu nas redes sociais? Não conseguimos evitar ser moldados por aquilo que vemos. Como se costuma dizer: "Nós nos tornamos aquilo que vemos". Ou, como Jesus disse, "são os olhos a lâmpada do corpo. Se os teus olhos forem bons, todo o teu corpo será luminoso; se, porém, os teus olhos forem maus, todo o teu corpo estará em trevas" (Mt 6.22-23).

> UM TOTAL DE 73% DAS MULHERES QUE RESPONDERAM À PESQUISA DA TGC AFIRMOU CHECAR SUAS REDES SOCIAIS VÁRIAS VEZES AO DIA.

As redes sociais moldam os seres humanos maleáveis em uma imagem. A forma de os cristãos as utilizarem determina se elas nos deixarão bem-formados ou malformados. O lugar para onde olhamos — e por quanto tempo fixamos nosso olhar — influencia não apenas como vivemos, mas também quem somos. Diferente dos incrédulos, não temos a opção de supor que "não custa nada olhar". E, diferente dos incrédulos, podemos considerar como o uso sábio das redes sociais pode, na verdade, reforçar nossos esforços para viver como estrangeiros neste mundo. Somente Deus consegue ver as tentações, tristezas, conflitos, beleza e bondade deste mundo e, ainda assim, permanecer inalterado. Não nos atrevemos a dizer a nós mesmas que não somos afetadas por aquilo em que fixamos nossos olhos. Pelo contrário, devemos administrar o fato de termos sido feitas à sua imagem, a fim de produzir o fruto da justiça.

## 2. Nós estamos presas ao tempo; Deus, não.

Em *Odisseia*, de Homero, encontramos uma história bem conhecida sobre a natureza humana e a distração. Odisseu e seus homens viajam para a Ilha de Djerba em sua longa viagem para casa. Os habitantes da ilha lhes oferecem a planta de lótus para comer. O efeito narcótico dessa planta faz os homens perderem a noção do tempo e esquecerem a saudade de casa. Tudo o que eles querem é comer lótus. Eles perdem muito tempo, e Odisseu, por fim, tem de açoitar seus homens para fazê-los voltar ao navio e retomar sua jornada.

Não é difícil estabelecer um paralelo dessa história com o uso que fazemos das redes sociais. E até mesmo é um pouco reconfortante (e nada surpreendente) saber que, para os seres humanos, o desperdício de tempo sempre foi uma tentação — e uma tentação viciante. Na história de Homero, ouvimos o eco de um incidente mais antigo envolvendo um fruto proibido. O desperdício de tempo, ou o desejo de perder nossa noção da passagem do tempo, é prova de que queremos ser como Deus de uma forma nociva. Em nosso subconsciente, cobiçamos sua eternidade. Dizemos a nós mesmas que há muito tempo e que podemos gastá-lo sem pensar muito.

> ENSINA-NOS A CONTAR OS NOSSOS DIAS, PARA QUE ALCANCEMOS CORAÇÃO SÁBIO (Sl 90.12).

Mas somente Deus é capaz de existir fora dos limites do tempo. Somente ele pode cumprir seus deveres sem a tirania do relógio. Ele não coloca lembretes nem alarmes, e age na hora certa durante todo o tempo, sem esquecimento ou preguiça. Ele nos criou para viver de acordo com uma linha do tempo e para contar nossos dias com uma precisão tal que os usemos com sabedoria (Sl 90.12). Para seres humanos presos ao tempo, todo o tempo gasto nas redes sociais é um tempo que não será dedicado a outras coisas. Não nos atrevemos a dizer a nós mesmas que conseguimos lidar com um uso ilimitado ou descontrolado das redes sociais, mesmo usando-as de maneira proveitosa. E não nos atrevemos a ignorar sua natureza viciante. Assim como a lótus e todas as coisas que prometem tornar-nos como Deus, a atração das redes sociais é grande. E quem pensa seriamente a respeito do uso das redes sociais açoitará a si mesmo até chegar ao topo do mastro da sabedoria divina, a fim de que seu tempo limitado seja bem utilizado.

3. *Nós temos um corpo; Deus, não.*
Deus é espírito e, por essa razão, pode estar presente em todos os lugares. Ele é onipresente. Isso significa muitas coisas, mas, para fins de nossa presente discussão, pense na importância relacional da onipresença de Deus. Ele é capaz de criar e manter um número ilimitado de relacionamentos pessoais com outras pessoas. Você já ouviu um evangelista fazer o típico apelo para o público de um estádio dizendo que Deus os ama e quer ter um relacionamento pessoal com eles? Agora imagine a reação da multidão se o evangelista acrescentasse que ele também amava cada um deles e queria ter um relacionamento pessoal com eles. O que começou como um convite plausível para um relacionamento se transformaria em um convite implausível. O que é relacionalmente possível para Deus é relacionalmente impossível para os portadores de sua imagem.

Quando Deus nos fez, uniu nosso espírito a nosso corpo físico. Um corpo é um conjunto de limites. Por isso só podemos estar em um lugar de cada vez. Por não sermos onipresentes, só podemos criar e manter um número limitado de relacionamentos. Sabemos disso de forma intuitiva. Por essa razão, priorizamos o tempo com algumas pessoas mais do que o tempo com outras. E classificamos as pessoas de acordo com a profundidade do relacionamento conosco: família, amigos, conhecidos. Falamos sobre o equilíbrio entre vida pessoal e vida profissional a fim de garantir que estaremos fisicamente presentes com aqueles que nos são mais próximos, reconhecendo que ou estamos no trabalho ou estamos em casa, mas nunca nos dois lugares ao mesmo tempo.

Está ficando mais claro por que as redes sociais conseguem exercer tamanha atração sobre nós? Elas nos oferecem uma experiência extracorpórea. Elas nos sugerem que o limite estabelecido por Deus pode ser ultrapassado. Elas nos dão a sensação de que não estamos limitadas a um lugar de cada vez. Elas sugerem que nós, assim como Deus, podemos criar e manter um número praticamente ilimitado de relacionamentos. Se não reconhecermos que um amigo no Facebook não é o mesmo que um amigo pessoalmente, gastaremos nossa preciosa proximidade junto às telas, e não fisicamente, junto às pessoas verdadeiras.

As redes sociais nos permitem estabelecer relacionamentos de certa qualidade, mas não da mesma qualidade que os relacionamentos face a face. Elas nos permitem manter relacionamentos de formas valiosas — amo me manter conectada com primos que vivem longe —, mas, quanto mais amigos ou seguidores temos, menos somos capazes de manter interação constante com todos eles, e menos ainda com nossos verdadeiros amigos que utilizam essas plataformas.

Na melhor das hipóteses, as redes sociais podem ajudar-nos a formar conexões e nos manter conectadas a outras pessoas. Contudo, na pior das hipóteses, podem nos sussurrar aos ouvidos a mentira de que podemos ser como Deus, sem nos limitar a um lugar de cada vez. Quando desejamos onipresença, perdemos a capacidade de estar plenamente presentes onde Deus nos colocou. Se você já esteve numa sala cheia de pessoas que deixaram de conversar umas com as outras para olhar o celular, pode relacionar isso às palavras do profeta Isaías: "Ele se alimenta de cinzas, um coração iludido o desvia; ele é incapaz de salvar a si mesmo ou de dizer: 'Esta coisa na minha mão direita não é uma mentira?'" (Is 44.20, NVI). Somente Deus pode estar totalmente presente em todos os lugares. Não nos atrevemos a dizer a nós mesmas que somos capazes de lidar com relacionamentos ilimitados que não são face a face. Fazer isso é acolher a idolatria, é privar-nos de nossos relacionamentos reais por causa dos relacionamentos virtuais. Aqueles que compreendem a tentação da onipresença usarão as redes sociais de uma forma que reconheça seus limites relacionais.

Se quisermos ser sábias no uso das redes sociais, e se o temor do Senhor realmente é o princípio da sabedoria, então devemos reprogramar nossos hábitos, lembrando que somente Deus é imutável, eterno e onipresente — e nós, não. Assim se resolve nosso primeiro e mais vital dilema social: devemos refletir Deus, e não rivalizar com ele. Com nossa identidade de portadores da imagem de Deus firmemente em vista, estamos livres para participar das redes sociais de uma forma que não defina quem nós somos ou por que estamos aqui. Fomos todos feitos à imagem de Deus para sua glória. Então, a pergunta passa a ser: como podemos utilizar as redes sociais de uma forma que nos torne mais semelhantes a Cristo? Nas páginas deste livro, você terá a chance de examinar como fazer isso na prática. Deus prometeu dar sabedoria a quem a pedisse. Vamos pedi-la com expectativa, como pessoas cuja presença social ordenada por Deus foi planejada para influenciar com importância eterna.

## QUESTÕES PARA REFLEXÃO OU DISCUSSÃO

*Para começar:* Quais são os diferentes tipos de relacionamentos e conexões que você tem em sua vida? O que estaria faltando se sua vida fosse completamente solitária?

1. As redes sociais são más por natureza? Por quê? Quais verdades da Escritura afirmam que é bom sermos criaturas sociais?
2. "Nós somos mutáveis; Deus, não" (p. 43). De que maneira nosso envolvimento nas redes sociais às vezes nega essa verdade? Cite algumas formas práticas de afirmarmos essa verdade ao usar as redes sociais.
3. "Nós estamos presas ao tempo; Deus, não" (p. 45). De que maneira nosso envolvimento nas redes sociais às vezes nega essa verdade? Cite algumas formas práticas de afirmarmos essa verdade ao usar as redes sociais.
4. "Nós temos um corpo; Deus, não" (p. 47). De que maneira nosso envolvimento nas redes sociais às vezes nega essa verdade? Cite algumas formas práticas de afirmarmos essa verdade ao usar as redes sociais.

*Estudo adicional:* Leia Provérbios 9.10.

1. Segundo Salomão, qual é o "princípio da sabedoria"?
2. O que significa temer ao Senhor? Como você cultiva o conhecimento de Deus e o respeito por ele em sua vida?
3. Onde aprendemos sobre Deus? Como o entendimento do caráter de Deus e de seus caminhos nos capacita a viver de maneira sábia?
4. O que o temor de Deus tem a ver com usar as redes sociais?
5. Peça que o Senhor lhe dê a sabedoria que procede do conhecimento dele.

3
# EMOÇÕES: GUARDANDO SEU CORAÇÃO

*GRETCHEN SAFFLES*

Minha respiração acelerou. Segundos antes, eu estava rolando a tela do Instagram casualmente, desfrutando uma "pausa cerebral" no trabalho, quando vi a postagem de uma amiga: ela estava grávida. Dias antes, eu estava deitada em cima de um papel fino, esticada sobre um desconfortável leito de hospital enquanto uma enfermeira fazia o ultrassom confirmando que meu útero estava vazio. No mesmo dia em que eu esperava celebrar uma nova vida, meu médico removeu os restos do aborto natural.

O anúncio de minha amiga desviou totalmente minha atenção, drenou minha alegria e lançou uma bomba inesperada em meu coração. Em vez de sentir intensa alegria diante da novidade empolgante de minha amiga, minha alma foi devastada pela angústia e a ansiedade.

Fechando rapidamente o aplicativo, tentei voltar ao trabalho. Contudo, eu não estava à altura da inveja e do medo que tinham esvaziado minha motivação. Com os ombros tensos, a ansiedade fervilhando e minha mente correndo solta, tentei prosseguir em meus afazeres, mas minhas emoções traiçoeiras, atiçadas pelo que eu vira nas redes sociais, me incomodavam e me distraíam.

Não foi a primeira vez que meu dia saiu do controle por causa de uns poucos minutos que passei nas redes sociais. O conteúdo compartilhado nos aplicativos do meu celular tem o poder de levantar meu ânimo ou acabar com ele. Algumas vezes, aproveito o tempo nas redes sociais e termino de rolar a tela me sentindo motivada, inspirada e encorajada em minha fé. Outras vezes, minha alma errante se sente frustrada e desiludida com o fato de as redes sociais não me trazerem beleza, esperança ou vida.

Recentemente, uma flor me lembrou disso — o delicado ranúnculo amarelo. Membro do gênero *Ranunculus*, o ranúnculo contém uma substância química especial chamada anemonol.[1] Quando a cor convidativa da flor atrai as abelhas para seu centro em busca de pólen, o anemonol costuma matá-las por envenenamento. Essa florzinha charmosa é tão letal que é capaz de envenenar até mesmo animais de pasto que a consomem. O ranúnculo parece belo e promissor, mas ingeri-lo prejudica o organismo por dentro.

De modo semelhante, as redes sociais parecem inspirar criatividade, proporcionar verdadeira fraternidade e criar laços significativos. Mas consumi-las demais pode levar a instabilidade emocional e derrota espiritual.

---

1 Melissa Bravo, "Spring flowering pollinator mixes that work for honey bees", *American Bee Journal* 160, n. 1 (jan. 2020). Disponível em: https://www.bluetoad.com/publication/?m=5417&i=641963&view=articleBrowser&article_id =3560027&ver=html5.

## A PROPÓSITO, O QUE SÃO AS EMOÇÕES?

Pessoas próximas a mim me descreveriam como uma mulher emotiva, mas prefiro dizer que sou alguém com "profunda sensibilidade". Você também, como portadora da imagem de Deus (Gn 1.27), tem a capacidade de experimentar um amplo espectro de emoções. Fomos programadas por Deus para funcionar como seres emocionais — desde os primeiros dias, os bebês comunicam suas necessidades por meio de suas emoções. Mas o que são exatamente as emoções que sentimos?

Brian Borgman descreve as emoções como "parte inerente do que significa ser uma pessoa... Emoções são mais do que sentimentos; elas nos falam sobre aquilo que valorizamos e em que acreditamos, produzindo desejos e inclinações que afetam nosso comportamento."[2] De forma semelhante, Alasdair Groves e Winston Smith descrevem o papel adequado das emoções em comunicar o valor daquilo que amamos e estimamos, inclinando-nos para uma relação significativa com outras pessoas, motivando-nos a agir e, por fim, fazendo com que nos voltemos para Deus.[3] Experimentamos emoções tanto fisiologicamente como psicologicamente: pode ser difícil defini-las, mas é fácil senti-las.

Nossas emoções foram dadas por nosso Criador. Ele nos deu a capacidade de sentir satisfação com um trabalho bem-feito, de sentir alívio com o perdão e ira com a injustiça. Jesus, o Filho de Deus, o único ser humano perfeito a andar sobre a terra, demonstrou todo tipo de emoções — de alegria a ira e tristeza,

---

[2] Brian S. Borgman, *Feelings and faith: cultivating godly emotions in the christian life* (Wheaton, IL: Crossway Books, 2009), p. 26-7.

[3] J. Alasdair Groves e Winston T. Smith, "O que exatamente são as emoções?, cap. 2 de *Organize suas emoções* (São José dos Campos, SP: Editora Fiel, 2022).

sofrimento, angústia e compaixão (ver Mt 9.20-22; 14.13; 23.33; Jo 11.35; 15.10-11; Hb 12.2). A vida de Jesus exemplifica que nossas emoções não são erradas nem pecaminosas por si mesmas, mas, sim, feitas para nos mover em direção a Deus (ver Sl 18.6; Gl 5.16-24; Fp 4.6-7).

> NA MINHA ANGÚSTIA, INVOQUEI O SENHOR, GRITEI POR SOCORRO AO MEU DEUS. ELE DO SEU TEMPLO OUVIU A MINHA VOZ, E O MEU CLAMOR LHE PENETROU OS OUVIDOS. (Sl 18.6)

Então, o que isso significa na vida diária, quando clicamos no aplicativo do Instagram na fila do açougue ou enquanto esperamos nosso filho guardar as coisas do treino de futebol?

Primeiro, temos de reconhecer que as coisas que vemos, lemos e ouvimos nas redes sociais têm influência direta (tanto positiva como negativa) em nossas emoções. A pergunta não é: "Será que as redes sociais estão afetando minhas emoções?", mas, sim, "Será que estou consciente da influência que as redes sociais exercem sobre mim?".

Pare por um instante para refletir sobre como se sente quando está em seu aplicativo de rede social preferido. Você consegue lembrar-se de uma postagem que fez você chorar, imersa em angústia, agitar-se com fúria ou rir de forma histérica? Já se sentiu deprimida ao ver o sucesso de um amigo, ou se sentiu ansiosa quando leu uma notícia que trazia uma previsão ruim? Já se alegrou ao ver um anúncio de nascimento ou foi inspirada por um bom conselho?

Talvez não perceba na hora, mas a mídia que você consome —
tanto pela visão como pela audição — fica presa em você depois
de fechar o aplicativo.

## O LADO BOM DAS REDES SOCIAIS

Recentemente, fiz uma enquete com minhas seguidoras on-line,
perguntando quais emoções positivas as redes sociais lhes causavam. As respostas mais comuns foram que essas mulheres:

- sentiam-se vistas, notadas e amadas por outras pessoas, o que lhes proporcionava um senso de pertencimento;
- sentiam-se menos sozinhas em suas jornadas e dificuldades, e mais conectadas com os outros, fortalecendo, assim, suas almas ao prosseguir dia após dia;
- eram encorajadas pelo conteúdo que liam, sentindo alegria, propósito e paz ao colocar em prática as verdades que Deus lhes ensina;
- eram inspiradas a viver de maneira fiel, sendo lembradas da esperança do evangelho, que as alcança em sua vida diária.

Também tenho visto o lado bom das redes sociais em minha
vida. Abri o Instagram e vi um anúncio de nascimento que me
levou imediatamente a ligar e mandar mensagens à minha amiga,
para comemorar (Rm 12.15). Li uma postagem que me convenceu e me fez lembrar a verdade do evangelho, conduzindo-me
ao arrependimento (1Jo 1.9). Constantemente, conecto-me com
amigos e amigas de vários anos atrás, bem como com familiares
que moram a quilômetros de distância, encontrando conforto

e alegria por Deus prover esses relacionamentos que exaltam a Cristo. Tenho chorado com amigos e amigas que passam por perdas inexplicáveis, e oro fervorosamente com eles ao acompanhar suas postagens nas redes sociais (Rm 12.15).

No período aproximado de 15 anos que estou nas redes sociais, criei conteúdo para a glória de Deus, escrevi verdades para impulsionar outras pessoas em direção ao Senhor e cresci em minha caminhada com Jesus. Vi, em primeira mão, que Deus realmente pode usar as redes sociais para nos aproximar ainda mais dele e moldar nosso coração, a fim de que amemos mais Jesus.

## O LADO RUIM DAS REDES SOCIAIS

Também perguntei às minhas seguidoras sobre as emoções negativas que elas experimentavam ao usar as redes sociais, e recebi o dobro de respostas. Elas sentiam frustração, derrota, ira, descontentamento, exaustão, desmotivação, inveja, insegurança, tristeza, irritação e sobrecarga — e isso só para citar umas poucas coisas!

> AS MULHERES QUE RESPONDERAM À PESQUISA DA TGC DECLARARAM QUE AS REDES SOCIAIS AS FAZIAM SENTIR IRRITADAS (57%), FURIOSAS OU AMEDRONTADAS (36%), INVEJOSAS (28%), SOLITÁRIAS OU ISOLADAS (21%) E ALEGRES (19%).

Onde há luz, também há trevas. É possível que tenhamos visto um anúncio de gravidez ou casamento e nos tenhamos sentido sozinhas porque ainda não temos filhos ou estamos solteiras. Talvez tenhamos lutado contra a inveja, ao vermos o sucesso alheio; contra a ira, ao lermos a opinião de alguém; e contra a desmotivação, ao recebermos um comentário negativo. Ou quem sabe nos sentimos excluídas porque não fomos convidadas para um evento que nossos amigos postaram? Os sentimentos de fracasso podem facilmente superar nossa confiança em Cristo se não conseguirmos curtidas e comentários suficientes. Todas sabemos, por experiência própria, de que forma as redes sociais podem atiçar a ansiedade em nosso coração, sufocar nossa alegria e lançar por terra nossa paz.

Uma forma de combater esses sentimentos negativos é simplesmente passar menos tempo on-line. De acordo com o *World Happiness Report* [Relatório Mundial sobre Felicidade], produzido em 2019, "a quantidade de tempo que os adolescentes passam on-line aumentou, ao mesmo tempo que a quantidade de sono e de interação presencial diminuiu, em paralelo com um declínio na felicidade geral".[4] Em outras palavras, esse estudo revelou que, quanto mais tempo passamos no celular, menos tempo passamos realizando outras atividades vivificantes e, portanto, menos felicidade experimentamos em nosso viver diário.

Mas impor um limite de tempo não é a resposta a todos os nossos problemas. Afinal de contas, nossa relação com as redes sociais (seja ela tóxica ou saudável) depende do estado de nosso coração, das prioridades de nossa alma e daquilo que amamos e valorizamos. Ninguém navega nas redes sociais em um vácuo emocional. Conhecer o que a Palavra de Deus tem a dizer sobre nossos corações, mentes e emoções nos prepara para usar as redes sociais para sua glória.

---

4 Jean M. Twenge, "The sad state of happiness in the United States and the role of digital media" cap. 5 do *World Happiness Report*, 20 mar. 2019. Disponível em: https://worldhappiness.report/ed/2019/the-sad-state-of-happiness-in-the-united-states-and-the-role-of-digital-media/.

## GUARDANDO SEU CORAÇÃO NAS REDES SOCIAIS

Salomão, o rei mais sábio que já viveu, escreveu no livro de Provérbios: "Sobre tudo o que se deve guardar, guarda o coração, porque dele procedem as fontes da vida" (Pv 4.23). Nesse versículo, a palavra hebraica traduzida como "coração", *leb*, refere-se ao homem interior, à mente, à consciência, à fonte das emoções.[5]

Nosso coração é a fonte de nossa vida, o motor por trás de nossas ações. Aquilo que pensamos e como nos sentimos são diretamente afetados pelo estado de nosso coração. Salomão, sabiamente, nos instrui a guardar nosso coração como soldados que protegem uma joia de inestimável valor, mantendo intensa vigilância a tudo que se aproxima, sabendo que aquilo que entrar influenciará aquilo que dali sairá. Deus nos chama a prestar muita atenção àquilo que vemos, em que pensamos e acreditamos, sabendo que "a boca fala do que está cheio o coração" (Lc 6.45).

Guardar nosso coração, porém, não significa evitar sentir emoções, tanto positivas como negativas. Nossas emoções não são más nem são algo a ser temido, mas também não foram feitas para dirigir nosso coração. Nossa capacidade de sentir e expressar emoções nos aponta de volta para nossa necessidade da força de Deus, de sua estabilidade e de sua obra santificadora em nossa alma. Apesar de as ondas de nosso estado emocional poderem mudar com o vento do conteúdo que consumimos e das circunstâncias pelas quais passamos, as promessas e verdades que temos na Palavra de Deus constituem uma âncora firme e imutável para nossa alma (Is 40.8;

---

5 "Proverbs 4:23", StudyLight.org. Disponível em: https://www.study-light.org/study-desk/interlinear.html?q1=Proverbs+4:23. Acesso em: 13 jan. 2022.

Hb 6.19). Quanto mais conscientes estivermos do efeito poderoso que as redes sociais podem ter em nossas emoções e, consequentemente, em nossas vidas, mais poderemos reagir a essas emoções com as verdades imutáveis da Palavra de Deus.

> SECA-SE A ERVA, E CAI A SUA FLOR, MAS A PALAVRA DE NOSSO DEUS PERMANECE ETERNAMENTE. (Is 40.8)

## O QUE OS SALMOS NOS ENSINAM SOBRE EMOÇÕES

Obviamente, não temos como saber se o rei Davi teria postado no Instagram sobre seu tempo no deserto, ou se teria publicado um tuíte de seus pensamentos sobre as guerras contra os filisteus, mas podemos aprender a processar nossas emoções a partir de seu exemplo e dos outros salmistas.

Salmos é um livro ímpar na Bíblia. Todos os acordes das emoções humanas são tocados no espaço de 150 capítulos. Existem salmos que transbordam de ações de graças e salmos de lamento e questionamento; há salmos de solidão e desespero e salmos de júbilo por livramento. Nesse livro, não apenas vemos a expressão nua e crua das emoções humanas, como também vemos a maneira correta de lidar com elas. Os salmistas sabiam como vivenciar os sentimentos, expressá-los para Deus e trazer a alma de volta à sua verdade.

No Salmo 42, por exemplo, o autor nos mostra sua própria tribulação emocional. Ele fala diretamente à sua alma — ou seja, ao seu eu interior, que sente todas as suas emoções — e faz uma pergunta simples a si mesmo: "Por que estás abatida, ó minha alma? Por que te perturbas dentro de mim?" (Sl 42.5a). Em vez de julgar suas emoções, castigando a si mesmo por se sentir desmotivado ou se irando contra as circunstâncias, ele busca identificar a causa de sua agitação interior na presença de Deus.

Nós também podemos fazer isso. Quando pedimos, Deus nos oferece clareza e discernimento acerca da origem de nossa perturbação (Sl 34.4-8; Pv 2.6; Tg 1.5). Muitas vezes em minha vida, com a ajuda do Espírito Santo, interrogar minha alma me fez voltar a algo que vi nas redes sociais, ou a uma insegurança que senti depois de postar algo; essas coisas continuaram em meu íntimo pelo resto do dia. Quanto mais reconheço minhas emoções e questiono sua origem, melhor consigo lidar com elas e experimentar nelas a graça de Deus.

Os salmos também nos ensinam a expressar nossos sentimentos a Deus — tanto emoções como gratidão, louvor e alegria quanto sentimentos como insegurança, desmotivação e medo. Quando trazida à luz em sua presença, toda emoção que sentimos serve como uma seta para nos apontar de volta para Jesus. A oração é a maneira de comunicarmos nossos sentimentos a Deus. Quando dizemos a Deus como nos sentimos, nos momentos de felicidade ou de tristeza, deparamos com sua graça para nos ajudar em tempos de necessidade, com sua paz para nos confortar, com sua alegria para nos preencher e com sua sabedoria para nos guiar (Rm 15.13; Fp 4.4-8; Hb 4.16; Tg 1.5).

Mas processar nossas emoções não é o mesmo que deixar que elas nos conduzam. O exemplo dos salmistas é ver, sentir e questionar nossas emoções, e não fugir delas, negá-las ou ignorá-las.

Quando, em nossos diversos estados emocionais, olhamos para Deus, podemos compreender melhor seus caminhos misteriosos em ação, descansar em suas promessas e encontrar liberdade e esperança.

> DIGO ISTO, NÃO POR CAUSA DA POBREZA, PORQUE APRENDI A VIVER CONTENTE EM TODA E QUALQUER SITUAÇÃO. TANTO SEI ESTAR HUMILHADO COMO TAMBÉM SER HONRADO; DE TUDO E EM TODAS AS CIRCUNSTÂNCIAS, JÁ TENHO EXPERIÊNCIA, TANTO DE FARTURA COMO DE FOME; ASSIM DE ABUNDÂNCIA COMO DE ESCASSEZ; TUDO POSSO NAQUELE QUE ME FORTALECE. (Fp 4.11-13)

O escritor do Salmo 42 faz exatamente isto: volta seu olhar interior diretamente para Deus. Sua busca por uma resposta à pergunta "Por que estás abatida, ó minha alma?" não termina quando ele interroga a própria alma. Pelo contrário, é nesse momento que ele lhe diz o que fazer: "Espera em Deus, pois ainda o louvarei, a ele, meu auxílio e Deus meu" (Sl 42.11b). Isso pode fazer toda a diferença em nosso uso das redes sociais e em nossas tribulações emocionais.

Quando a inveja nos dominar ao vermos que alguém possui tudo aquilo que desejamos, lembremos: em Cristo, temos tudo aquilo de que precisamos (Fp 4.11-13).

Quando o desespero bater à porta de nosso coração ao lermos uma notícia amedrontadora, lembremos: somos mais do que vencedores por meio de Cristo, e absolutamente nada pode nos separar de seu amor (Rm 8.37-39).

Quando a insegurança nos ameaçar ao vermos que ninguém reage à nossa postagem (e, assim, nos sentirmos invisíveis ou algo pior que isso), lembremos: fomos libertados das trevas para a maravilhosa luz de Cristo, que sustenta todas as coisas (Cl 1.13-17).

Quando a ira se acender dentro de nós ao reagirmos às palavras envenenadas que outras pessoas postaram, lembremos: Deus nos dá toda força, sabedoria e longanimidade para não darmos lugar ao diabo (Ef 4.26-27).

Quando a ansiedade estiver à espreita e nos sentirmos arrasadas com o caos em nossas vidas em comparação à aparente tranquilidade da vida de outras pessoas, lembremos: todos aqueles que trazem seus pedidos ao trono da graça encontram socorro nos tempos de necessidade (Hb 4.16; Fp 4.6-7).

Quando a tristeza se alojar em nossa alma ao lermos sobre as dificuldades que outras pessoas atravessam, lembremos: Deus ouve nossas súplicas por misericórdia; ele está perto dos que têm o coração quebrantado e salva os de espírito oprimido (Sl 34.18).

Então, quando você estiver se sentindo emotiva depois de ser atacada no Facebook, deixe-me sugerir o seguinte: cave um pouco a fim de descobrir de onde esses sentimentos estão vindo. Compartilhe o que sente com o Senhor. E, por fim, pregue o evangelho ao seu coração. Diferente do ranúnculo que atrai as abelhas sem dar o que elas desejam, a Palavra de Deus é uma flor suave que satisfaz, nutre, fortalece, reanima e restaura nossa alma — sempre suprindo aquilo de que necessitamos (Sl 19.7-14).

## TRANSFORMADAS PELA IMUTÁVEL PALAVRA DE DEUS

Quando as redes sociais acendem várias emoções dentro de nós, a Palavra de Deus nos oferece clareza, discernimento e esperança. Porém, para que isso aconteça, temos de estar enraizadas e firmadas por momentos diários de oração e de leitura da Bíblia, encontros constantes com outros crentes e participação frequente na adoração. Quando somos nutridas pelas verdades sólidas da Escritura, o fruto do Espírito transborda na forma de usarmos e consumirmos as redes sociais.

Quando nos sentirmos seguras em Cristo, nossa felicidade não estará em postagens, curtidas, seguidores ou em nossos sentimentos. A verdadeira felicidade e a alegria duradoura residem em conhecermos Cristo e sermos plenamente conhecidas por ele — sem necessidade de perfis, postagens ou curtidas.

### QUESTÕES PARA REFLEXÃO OU DISCUSSÃO

*Para começar:* Pense em alguma vez que, assim como Gretchen, você teve um dia que "saiu do controle por causa de uns poucos minutos que passei nas redes sociais" (p. 52). O que aconteceu?

1. "A pergunta não é: 'Será que as redes sociais estão afetando minhas emoções?', mas, sim, 'Será que estou consciente da influência que as redes sociais exercem sobre mim?'" (p. 54). Por que é útil identificar de que forma específica as redes sociais influenciam suas emoções?

2. Cite emoções positivas que você teve ao usar as redes sociais. Que tipo de postagens ou interações tendem a despertar essas emoções?

3. Cite emoções negativas que você teve ao usar as redes sociais. Que tipo de postagens ou interações tendem a despertar essas emoções?
4. Leia novamente a lista de verdades de que podemos nos lembrar em situações específicas nas redes sociais (pp. 61-62) e, em seguida, registre, com suas próprias palavras, duas afirmações que podem ajudá-la a lidar com emoções específicas que você tem quando está on-line.

*Estudo adicional:* Leia o Salmo 42.
1. Quais emoções o salmista expressa?
2. A quais verdades ele se apega em meio à sua aflição?
3. Quais ações ele adota em seguida?
4. Por que é importante identificar nossas emoções? Por que é importante expressá-las adequadamente ao Senhor? Por que é importante confiar nele em meio às tribulações?
5. Conte ao Senhor uma emoção que você teve recentemente ao usar as redes sociais. Confesse a verdade de quem ele é. Peça que ele a lembre de que você está segura nele.

4

# DISCERNIMENTO: ESCOLHENDO A MELHOR PARTE

*MELISSA KRUGER*

Eu adoro cozinhar.
    Bem, talvez o mais correto seja dizer que adoro comer, por isso aprendi a cozinhar. No começo, eu seguia as receitas de forma precisa. Não fazia nada diferente porque não tinha ideia do que estava fazendo.

Com o passar do tempo, porém, fui percebendo que algumas receitas precisam ser seguidas com precisão, enquanto outras nos oferecem bastante liberdade para agir. Se estou fazendo um bolo, a precisão importa. Sem a combinação certa de farinha, manteiga e açúcar, meu bolo será um desastre. No entanto, se estou criando um molho de macarrão, posso acrescentar mais alguns dentes de alho, jogar um pouquinho de pimenta e usar salsicha em vez de carne moída, porque isso deixa o sabor do molho bem melhor (pelo menos para mim).

Quanto mais experimento receitas diferentes, mais consigo cozinhar do jeito que eu gosto. Consigo provar um molho e, imediatamente, saber se ele precisa de salsinha, orégano, uma pitada de sal ou pimenta moída na hora. Com o passar do tempo, meu paladar tornou-se capaz de discernir melhor porque, além de comer aquilo que gosto, dediquei bastante tempo a aprender a cozinhar.

Em termos de redes sociais, provavelmente gostaríamos que alguém nos desse uma receita precisa para seguir, algo como: "Aqui está quanto tempo você deve gastar em cada plataforma e aqui está a lista das pessoas que você deve seguir". Essa receita também nos diria que tipo de postagens compartilhar e que tipo de postagens curtir.

Infelizmente, não existe uma receita para as redes sociais. Cada pessoa tem motivos distintos para estar on-line e diferentes reações àquilo que encontra. Uma notícia on-line que levaria uma pessoa a ter um ataque de fúria poderia nem mesmo ser notada por outra pessoa. Uma bela sala de estar poderia causar inveja no coração de uma mulher, ao passo que outra poderia sentir alegria e inspiração ao ver a mesma imagem.

Ao nos envolvermos com as redes sociais, precisamos de muito discernimento. E, embora não exista uma receita precisa para um uso saudável das redes sociais (pense naquele molho de macarrão), existem ingredientes precisos para se obter sabedoria (pense naquele bolo). Conhecimento, sabedoria e discernimento agem em conjunto, ajudando-nos a navegar de forma segura no mundo das redes sociais. O conhecimento nos dá informação. A sabedoria nos dá esclarecimento. E o discernimento escolhe aquilo que é melhor para cada pessoa em cada circunstância. Por exemplo:

- *O conhecimento nos informa:* De acordo com nossa pesquisa da TGC, muitas mulheres se sentem mais ansiosas ou deprimidas depois de estar nas redes sociais.
- *A sabedoria nos guia:* Limitar o uso das redes sociais é importante para o bem-estar emocional.
- *O discernimento escolhe:* Vou acessar as redes sociais apenas trinta minutos por dia. (Essa escolha varia de acordo com cada mulher, ao passo que o conhecimento e a sabedoria são universalmente verdadeiros.)

Gosto de definir o discernimento como *a sabedoria fazendo uma escolha*. Algumas mulheres podem escolher não usar mais as redes sociais. Outras talvez prefiram fazer algumas pausas. Outras ainda podem colocar limites no celular para monitorar seu uso. Existem mulheres que podem postar uma vez por mês, enquanto outras podem postar uma vez por dia. Precisamos de uma combinação de conhecimento, sabedoria e experiência para crescer em nossa habilidade de escolher aquilo que é melhor para nossa vida, mas sem esperar que o mundo inteiro chegue às mesmas conclusões que nós.

Neste capítulo, vamos considerar as maneiras positivas de nos envolver nas redes sociais, explorando os pontos negativos (inclusive nossas áreas problemáticas individuais) e revendo os princípios bíblicos que nos ajudam a discernir formas saudáveis de participar on-line. Se não dedicarmos tempo para refletir sabiamente sobre nossos limites, estamos certas de que as redes sociais demandarão continuamente nosso tempo e nossa atenção.

## A SENHORA SABEDORIA

Provérbios 9 é uma figura fascinante sobre duas mulheres bem diferentes: a sabedoria e a loucura. Aqui está o que aprendemos sobre a Senhora Sabedoria:

> A Sabedoria edificou a sua casa,
> lavrou as suas sete colunas.
> Carneou os seus animais, misturou o seu vinho e
> arrumou a sua mesa.
> Já deu ordens às suas criadas e, assim, convida
> desde as alturas da cidade:
> Quem é simples, volte-se para aqui.
> Aos faltos de senso diz:
> Vinde, comei do meu pão
> e bebei do vinho que misturei.
> Deixai os insensatos e vivei;
> andai pelo caminho do entendimento. (v. 1-6, ênfase acrescida)

Perceba as boas-novas. A Senhora Sabedoria envia suas criadas para os lugares mais altos da cidade com um convite: "Vinde... Deixai os insensatos e vivei; andai pelo caminho do entendimento" (Pv 9.5-6).

A sabedoria não está oculta. Ela está gritando para que você a ouça, na esperança de que você viva! Ela está lá nas redes sociais, convidando você a andar pelo caminho do entendimento. No mercado das redes sociais, procure mulheres de sabedoria. Elas amam Jesus. Elas compartilham verdades de sua Palavra. Elas postam artigos e conversas benéficas. Elas falam com sabedoria e, em sua língua, há instruções fiéis. Haverá dias em que um versículo ou uma citação que alguém compartilha on-line podem ser exatamente o encorajamento de que você necessita.

> QUARENTA POR CENTO DAS MULHERES QUE RESPONDERAM À PESQUISA DA TGC AFIRMARAM TER ENCONTRADO NAS REDES SOCIAIS BONS ARTIGOS QUE ENCORAJARAM SUA FÉ.

As redes sociais também podem ajudar a nos conectarmos com amigos e amigas locais. Adoro ver postagens sobre formaturas, férias, bebês recém-nascidos e acontecimentos recentes. Aquilo que leio on-line geralmente me ajuda a fazer perguntas melhores a minhas amigas quando nos encontramos pessoalmente. Muitas igrejas usam grupos privados do Facebook como uma oportunidade para conectar as mulheres. Esse tem sido um meio extremamente útil para eu associar o nome ao rosto das pessoas novas que conheço. Tenho visto esses grupos sendo usados como uma oportunidade para compartilhar notícias sobre eventos que vão acontecer, para pedir conselhos (desde recursos para pais até recomendações de dentistas) e para nos conectarmos umas com as outras durante a semana. Isso não substitui os benefícios de estar juntas presencialmente, mas pode aumentá-los.

Pare um momento para refletir: Quem são as pessoas que você segue nas redes sociais que constantemente encorajam sua fé? Como as redes sociais têm-lhe dado oportunidades de se conectar com amigos em ageral? De que maneira as redes sociais lhe permitem conectar-se com sua igreja?

As redes sociais nos dão oportunidades de assimilar sabedoria, interagir com amigos e nos conectar com outros membros da igreja. Também nos dão a oportunidade de compartilhar sabedoria bíblica com outras pessoas. No entanto, a necessidade de discernimento começa no momento em que nos cadastramos nas redes sociais. Como uma mulher compartilhou em resposta à pesquisa da TGC, "Entro no Facebook para ver meus grupos — como, por exemplo, o grupo da minha igreja — ou para ver aniversários, mas então me distraio e me perco, gastando meu tempo e, muitas vezes, encontrando coisas que me deixam ansiosa".

Embora existam aspectos positivos nas redes sociais, também há muitas influências e comportamentos negativos. Para nossa infelicidade, a Senhora Sabedoria não é a única que nos chama nas redes sociais. Também temos de levar em consideração outra voz: a da mulher chamada Loucura.

## EVITANDO A LOUCURA

A segunda metade de Provérbios 9 nos apresenta outra voz:

> A loucura é mulher apaixonada,
>     é ignorante e não sabe coisa alguma.
> Assenta-se à porta de sua casa,
>     nas alturas da cidade, toma uma cadeira,
> para dizer aos que passam
>     e seguem direito o seu caminho:
> Quem é simples, volte-se para aqui.
>     E aos faltos de senso diz:
> As águas roubadas são doces,

e o pão comido às ocultas é agradável.

Eles, porém, não sabem que ali estão os mortos,

que os seus convidados estão nas profundezas do inferno.

(v. 13-18, ênfase acrescida)

A Loucura também está presente nos lugares mais altos da cidade, convidando todos os que passam a se voltarem para seu pão secreto e sua água roubada. É significativo o fato de que tanto a Sabedoria como a Loucura convidam o mesmo público: "Quem é simples... aos faltos de senso" (Pv 9.4, 16).

Então, aqui está a dura verdade: basicamente, todos nós somos simples e faltos de senso. A voz que escolhemos ouvir é que faz a diferença entre a vida e a morte.

Podemos ser gratas pela presença da Senhora Sabedoria nas redes sociais, ao mesmo tempo que estamos cautelosamente cientes de que a Loucura também está lá, demandando nossa atenção. Ela nos desvia do caminho da vida para o caminho da ansiedade e da perdição. A tentação da Loucura vai além das pessoas que escolhemos seguir, estendendo-se até a maneira de usarmos as próprias plataformas.

## TRÊS PONTOS NEGATIVOS

Ao buscarmos discernir o que é melhor, vale a pena considerar três pontos negativos das redes sociais: tempo, pensamentos e tentações.

### Tempo

O tempo é um recurso limitado. Uma vez perdido, nunca será recuperado. Infelizmente, as redes sociais nos tornam insensíveis ao mundo ao nosso redor. Podemos entrar nelas para olhar rapidamente uma notificação e, no final das contas, trinta minutos depois, ainda estarmos olhando para o celular.

Costumo rolar a página das redes sociais quando estou esperando em uma fila, só para ter o que fazer. E não há nada de errado em olhar as redes sociais de vez em quando. No entanto, também é bom reconhecer que, durante esses "momentos de espera", eu poderia orar, escrever para um amigo, conversar com a pessoa ao meu lado na fila ou permitir que minha mente descanse um pouco. Antes de pegar o celular sem pensar e começar a rolar a tela, é importante perguntar a si mesma: Qual é a melhor forma de usar meu tempo agora?

É comum nos sentirmos ocupadas demais. Estamos ocupadas demais para ir à reunião de oração na igreja. Ocupadas demais para ler a Bíblia. Para fazer um trabalho voluntário. Para amar o próximo. Para ajudar os necessitados. No entanto, de alguma forma, encontramos horas a fio para olhar o celular.

O discernimento nos ajuda a escolher sabiamente como gastar nosso tempo porque reconhecemos que, com o passar do tempo, os pequenos momentos vão-se acumulando, formando boa parte de nossa vida.

Além disso, aquilo em que gastamos nosso tempo olhando afeta boa parte de nossos pensamentos.

### *Pensamentos*

Quase 70% das mulheres que responderam à nossa pesquisa da TGC sobre redes sociais declararam que, vez ou outra, lutam com sentimentos de ansiedade ou depressão. Dessas, quase 70%

afirmaram sentir-se *mais* ansiosas ou deprimidas depois de estar nas redes sociais.

Todo mundo sabe o que é ter pensamentos negativos on-line. Uma mulher pode ver a postagem de uma amiga sobre sua recente promoção no trabalho e se sentir desvalorizada ou mesmo invisível em seu trabalho. Outra mulher pode ficar ansiosa e preocupada depois de ler a atualização de uma amiga sobre um familiar doente. Uma mulher pode sentir sozinha após ver, on-line, a foto de um grupo em uma reunião social. Outra mulher pode duvidar da validade da Palavra de Deus em determinado assunto, já que um influenciador popular apresentou um novo ponto de vista e todos parecem concordar com ele.

Aquilo que vemos nas redes sociais afeta a maneira de pensarmos. E afeta também a maneira de vermos as outras pessoas. É importante que cada uma de nós considere o seguinte: de que forma sou negativamente afetada pelas redes sociais? Quem me convida à loucura?

### *Tentações*

É bastante comum que nossos pensamentos nos conduzam a tentações. Gastar tempo nas redes sociais pode conduzir-nos à tentação do descontentamento, de fazer julgamentos cruéis, de ser amargas ou de sentir inveja dos bens e das realizações de outras pessoas.

Se você quer ter discernimento, pare um pouco para refletir sobre seus comportamentos pecaminosos. Pergunte a si mesma: Quais áreas da vida estão me tentando neste exato momento? De que maneira estou falhando em fazer as coisas boas que Deus quer de mim (pecados por omissão)? De que maneira tenho andado em desobediência a seus mandamentos (pecados por ação)?

Ao pensar nas áreas em que você é tentada, considere de que forma as redes sociais influenciam seu conflito. Discernimento não é evitar o mundo, mas, sim, a habilidade de entrar no mundo, acolher o que é bom e evitar o que é mau.

Nunca vi uma postagem em letras neon, dizendo: "Olhe para mim, peque e destrua sua vida!". A tentação é sutil. Satanás distorce a verdade, levando-nos a duvidar da bondade de Deus. (A cartilha dele não mudou muito desde o Jardim do Éden.)

Quando estamos nas redes sociais, é tentador olhar ao redor, ver coisas boas acontecendo na vida de outras pessoas (o que é sempre uma visão limitada) e, secretamente, pensar: "Será que Deus é bom com todo mundo, menos comigo?". Questionar a bondade de Deus é o primeiro passo no caminho da desobediência, caminho que resulta em loucura.

Ao considerarmos nosso tempo, nossos pensamentos e tentações, é importante parar e pensar em nossas escolhas. Contudo, a decisão mais importante acontece antes mesmo de pegarmos no celular.

## COMO CRESCER EM DISCERNIMENTO

Depois que minha amiga Angela se formou na faculdade, passou a trabalhar como caixa de banco. Uma parte importante de seu trabalho era detectar dinheiro falsificado. Talvez você ache que o treinamento dela envolvia semanas a fio estudando todo tipo de notas falsificadas, com o objetivo de identificá-las de imediato. Pelo contrário. Por semanas a fio, ela trabalhou apenas com dinheiro verdadeiro. Ela foi ensinada sobre tudo o que era verdadeiro em cada nota diferente — quais marcas específicas procurar. Nunca lhe mostraram uma nota falsa no treinamento inicial.

Em dado momento, as pessoas que treinavam Angela começaram a misturar notas falsificadas e verdadeiras. Angela me disse que, depois de semanas olhando apenas notas verdadeiras, era fácil identificar as falsas. A mente dela estava tão consciente do que procurar que ela conseguia identificar facilmente o que era falso, por melhor que a fraude fosse.

Há um motivo pelo qual os bancos treinam dessa maneira. Existem infinitas formas de se produzirem notas falsificadas, mas apenas uma forma de se produzir uma nota verdadeira. Um princípio semelhante a esse se aplica ao buscarmos andar com discernimento.

Provérbios 9 nos diz que há duas vozes gritando para nós. Felizmente, Provérbios 9 também nos revela o segredo para escolher o que é melhor. Aqui está o segredo do discernimento, escondido entre os convites da Sabedoria e da Loucura: "O temor do Senhor é o princípio da sabedoria, e o conhecimento do Santo é prudência" (Pv 9.10).

Para crescer em sabedoria, nossa mente tem de estar firmada na verdade de Deus. Como fazemos isso? Precisamos de três coisas: da Palavra de Deus, da ajuda de Deus e do povo de Deus.

### A Palavra de Deus

O discernimento é como um bolo — requer o uso de ingredientes com precisão. Temos de ser mulheres da Palavra se quisermos ser capazes de discernir o que é certo.

Em seu livro *Discernimento espiritual*, Tim Challies define discernimento como "a habilidade de entender e aplicar a Palavra de Deus com o propósito de separar a verdade do erro, e o certo do errado".[1]

Escolher um hábito saudável de leitura bíblica é o primeiro passo para se tornar uma mulher de discernimento.[2] Leia a Bíblia, medite na Bíblia, ouça a Bíblia, estude a Bíblia, memorize a Bíblia. Vasculhe a Bíblia como se estivesse em busca de um tesouro escondido — e realmente há um tesouro nela, eu garanto!

> SESSENTA E SEIS POR CENTO DAS MULHERES ENTREVISTADAS PELA TGC DECLARARAM PASSAR CINCO OU MAIS DIAS POR SEMANA DEDICADAS À ORAÇÃO E AO ESTUDO BÍBLICO.

Nosso maior problema não é passar tempo demais nas redes sociais. Nosso maior problema é não passar tempo suficiente com a Bíblia. O discernimento vem pela soma, não pela subtração. Temos de somar mais daquilo que é realmente bom para nossa rotina diária em vez de apenas subtrair dela o que é potencialmente perigoso.

Pense em sua agenda: como você pode ler, estudar, meditar e memorizar a Palavra de Deus de forma ativa e com regularidade?

---

1 N.T.: Tim Challies, *Discernimento espiritual*: a habilidade de pensar biblicamente sobre a vida (São Paulo: Vida Nova, 2013).
2 Existem muitos planos bons de leitura bíblica que podem ajudar você a criar esse hábito. Veja alguns em: https://voltemosaoevangelho.com/blog/2016/12/10-planos-de-leitura-biblica--e-orante/.

### A ajuda de Deus

Com o propósito de crescer em discernimento, precisamos da ajuda de Deus. E essa é uma boa notícia, porque a sabedoria está ao nosso alcance. Tiago 1.5 nos diz: "Se, porém, algum de vós necessita de sabedoria, peça-a a Deus, que a todos dá liberalmente e nada lhes impropera; e ser-lhe-á concedida".

A fonte de toda a sabedoria não é nossa idade, experiência ou entendimento, e sim Deus. Em espírito de oração, peça a ele que lhe dê sabedoria nas redes sociais — quanto às pessoas que você segue, quanto àquilo que você posta e quanto ao tempo que você passa on-line. Deus concede, generosamente, sabedoria a todos que lhe pedem.

### O povo de Deus

A Palavra de Deus nos ensina, a oração nos guia e o povo de Deus nos ajuda a escolher o melhor. Conhece alguma mulher cuja vida com Deus você respeita? Você consegue pensar em uma amiga que constantemente mostra o efeito da obra do Espírito em sua vida? Procure essas mulheres e peça orientação a elas. Provérbios 13.20 nos assegura do seguinte: "Quem anda com os sábios será sábio, mas o companheiro dos insensatos se tornará mau".

## PRATIQUE O DISCERNIMENTO

A Palavra de Deus, o Espírito de Deus e o povo de Deus podem ajudar-nos a obter discernimento quanto ao uso das redes sociais. Essa transformação, porém, não é instantânea. O discernimento requer prática. Hebreus 5.12-14 explica:

> Pois, com efeito, quando devíeis ser mestres, atendendo ao tempo decorrido, tendes, novamente, necessidade de alguém que vos ensine, de novo, quais são os princípios elementares dos oráculos de Deus; assim, vos tornastes como necessitados de leite e não de alimento sólido. Ora, todo aquele que se alimenta de leite é inexperiente na palavra da justiça, porque é criança. Mas o alimento sólido é para os adultos, para aqueles que, pela prática, têm as suas faculdades exercitadas para discernir não somente o bem, mas também o mal.

No último verão, minha filha de 14 anos teve aulas de direção. Ela aprendeu todas as leis e regras de trânsito, bem como as sérias consequências no cometimento de eventuais erros.

No entanto, seu conhecimento teórico não é suficiente para lhe dar habilidades de direção. Na verdade, ela precisa entrar no carro e praticar a direção na rua (e, sim, essa realidade é um tanto aterrorizante para aqueles que estão no carro enquanto ela aprende). Pela experiência que tive dirigindo com meus outros dois filhos, sei que, a princípio, ela não será capaz de tomar decisões corretamente — ela vai frear de forma brusca, vai fazer curvas com muita rapidez e não vai saber muito bem o que fazer quando o semáforo estiver amarelo. Ela precisa de conhecimento, mas também precisa de prática.

Em nossa busca por sermos mulheres que discernem bem nas redes sociais, levará tempo para aprender como navegar da melhor forma. Não há uma solução rápida. Não há uma resposta que se aplique a todos os casos. Todas nós temos de nos sentar no lugar do motorista e encontrar nossos próprios hábitos saudáveis na jornada das redes sociais.

Vamos cometer erros ao longo do caminho. Podemos postar coisas das quais iremos nos arrepender depois, podemos ouvir a voz da loucura, podemos cair em tentação. Felizmente, quando fazemos uma escolha errada, o discernimento nos conduz à vida: nós nos arrependemos e voltamos para Deus. Sua graça nos basta. Sua misericórdia está ao nosso alcance (Hb 4.16).

Deus anseia que você ande no caminho da vida. Independentemente das escolhas que você fizer nas redes sociais, deixe-me incentivá-la: passe algum tempo com o Senhor. Ele dá sabedoria. Sua Palavra dá conforto. Em sua presença há plenitude de alegria. Não aceite as migalhas das redes sociais quando você pode ter um banquete com o Rei. Escolha o melhor. Escolha passar tempo com Jesus.

## QUESTÕES PARA REFLEXÃO OU DISCUSSÃO

*Para começar:* Quais atividades do seu dia seguem regras precisas? Quais delas requerem discernimento?

1. Como você descreveria a diferença entre conhecimento, sabedoria e discernimento? Por que é tão importante ter discernimento nas redes sociais?
2. Como as redes sociais podem levar-nos à tentação de cometer pecados por omissão? Como podem nos tentar a cometer pecados por ação?
3. "O discernimento vem pela soma, não pela subtração. Precisamos somar mais daquilo que é realmente bom a nossa rotina diária, em vez de apenas subtrair dela o que é

potencialmente perigoso" (p. 76). Como podemos aplicar isso às nossas escolhas acerca das redes sociais?
4. De que maneiras você pode acrescentar leitura bíblica, oração e busca por conselhos sábios à sua rotina diária? Como cada uma dessas práticas a ajudaria a escolher o que é melhor?

*Estudo adicional:* Leia Provérbios 9.1-18.
1. O que essa passagem diz acerca da sabedoria e da loucura? No que se assemelham? No que são diferentes?
2. A sabedoria e a loucura falam com quem? (v. 4, 16)
3. O que você aprende com essa passagem sobre a maneira de se obter sabedoria?
4. Quais aspectos das redes sociais requerem que você exerça discernimento de forma especial?
5. Confesse de que formas você tem sido tola ao usar as redes sociais. Agradeça ao Senhor por seu perdão. Peça que lhe dê sabedoria. Leia Tiago 1.5 e confie que o Senhor fará aquilo que prometeu.

## 5
# INFLUÊNCIA: SEGUINDO A SABEDORIA

*LAURA WIFLER*

Faça o seguinte: pegue um copo pequeno, segure-o sobre os lábios e sugue.

Quando terminar, seus lábios provavelmente estarão machucados, com bolhas e inchados, e você estará com uma dor considerável. Mas provavelmente eles também estarão parecidos com os famosos lábios da Kylie Jenner (sem o custo da cirurgia).

Infelizmente, o machucado deve durar mais que os lábios carnudos. "É como socar seu próprio rosto ou bater o rosto contra a parede", disse um médico aos repórteres.[1]

Em 2015, a *hashtag* #kyliejennerchallenge [desafio Kylie Jenner] viralizou nas redes sociais, e mulheres e meninas de todo o mundo aumentaram seus lábios de forma artificial. Apesar dos alertas médicos e até mesmo de uma *hashtag*

---

1 "'Kylie Jenner challenge' leaving teens' lips bruised, swollen", *Fox News*, 21 abr. 2015. Disponível em: https://www.foxnews.com/health/kylie-jenner-challenge-leaving-teens-lips-bruised-swollen/.

contrária no Twitter — #kyliejennerchallengegonewrong [desafio Kylie Jenner deu errado], até mesmo meninas de 12 anos estavam encarando esse desafio.[2] Os lábios de Kylie Jenner eram um ícone tão forte de beleza e sucesso que, apesar do risco de causar cicatrizes e desfiguração, mulheres de toda a parte encararam o desafio — ao mesmo tempo que filmavam e fotografavam os resultados para compartilhar com o mundo nas redes sociais.

Olhando para trás, isso parece uma loucura. O que levaria alguém a participar de uma "modinha" como essa? Mas não sejamos rápidas em nos considerar melhores que elas. Todas nós temos sido influenciadas de maneiras que parecem igualmente malucas. Você já acreditou em *fake news* antes de confirmar a informação? (Como naquela ocasião, em 23 de abril de 2013, em que um único *tuíte* de *fake news* fez duzentos bilhões de dólares sumirem do mercado de ações por alguns minutos?).[3] Ou alguma vez você já fez algo desconfortável ou ridículo só porque todo mundo estava fazendo? Como, por exemplo, um desafio de dança do TikTok?

Mesmo que você não tenha feito nada desse tipo — e até mesmo se você nunca entrou no Instagram ou no Facebook —, ainda assim é influenciada pelas redes sociais.

---

2 Jessica Cripps, "Kylie Jenner lip challenge: 12yo girl's attempt goes horribly wrong", *News.com.au*, 16 set. 2019. Disponível em: https://www.news.com.au/lifestyle/real-life/news-life/kylie-jenner-lip-challenge-12yo-girls-attempt-goes-horribly-wrong/news-story/5a1cb-636f28972249839b162d2eec9f9.

3 "The Day Social Media Schooled Wall Street", *The Atlantic*. Disponível em: https://www.theatlantic.com/sponsored/etrade-social-stocks/the-day-social-media-schooled--wall-street/327/. Acesso em: 12 jan. 2022.

De eleições a finanças, política e legislação, de opinião pública a saúde pública, as redes sociais afetam tudo em nossa sociedade. Elas informam quais produtos são vendidos nas lojas e quais componentes são usados em medicamentos e cosméticos.

Quando você passa um tempo nas redes sociais, isso muda a maneira de você comprar, aquilo que come, em quem vota, para qual instituição doa dinheiro, como se exercita, como educa seus filhos, quais livros lê e sobre quais assuntos conversa na mesa de jantar. As redes sociais afetam a forma de você administrar sua empresa, de você fazer amor com seu marido e de você adorar a Deus. As redes sociais moldarão tudo o que é importante para você, aquilo que merece seu tempo, aquilo em que você acredita e aquilo que você ama.

Temos sido negligentes. Então, o que devemos fazer em relação a isso?

## INFLUENCIADAS PARA MELHOR

Ao longo de nosso casamento, meu marido e eu tivemos três casas em três estados. Ao olhar para trás, vejo que cada casa é um retrato de meus gostos na época. Minhas cores, formas e estilos preferidos — tudo se reflete nos móveis, armários e tapetes. Embora eu prefira pensar que minhas ideias e decisões são autônomas — provenientes apenas de minhas próprias criatividade e imaginação, dadas por Deus —, isso não é verdade. Cada casa segue boa parte das tendências mostradas na vitrine das redes sociais durante os anos que vivi ali. Não me envergonho disso. Na verdade, sou grata pela influência on-line de alguns de meus *designers* de interior e aqueles do tipo "faça você mesmo" preferidos. Suas plataformas nas redes sociais me inspiraram a transformar um gaveteiro que servia de estante de livros em um aparador, deram-me a confiança de ficar com uma cozinha planejada na cor preta e desistir de colocar armários superiores, e me deram a coragem necessária para eu escolher um acabamento com contraste de tintas.

> GRAÇA COMUM SÃO OS DONS DE DEUS DERRAMADOS SOBRE TODA A HUMANIDADE.

Nas redes sociais, há uma abundância de graça comum quando influenciadores, família e amigos compartilham seus pensamentos, ideias e recomendações. Nunca antes na história tivemos acesso a tanto conhecimento e tanta expertise. Com apenas alguns cliques, podemos encontrar tutoriais de cabelo e beleza, receitas com vídeos e fotos de cada passo, curadoria de arte e poesia, e até mesmo ideias para doar para causas no Oriente Médio. De análises detalhadas sobre produtos no YouTube até atalhos para sites no Stories do Instagram, coisas que costumavam parecer fora do alcance agora estão na palma da mão — economizando tempo e esforço.

Hoje, muitos influenciadores tornaram-se especialistas em sua área ou são profissionais que se tornaram influenciadores, dando-nos acesso ao que há de melhor em recomendações, tutoriais e pontos de vista. As redes sociais ampliaram nosso acesso a novas ideias, aceleraram o processo para desenvolvermos habilidades e nos deram uma base para aumentar nossa criatividade.

Apesar de a teoria dizer que estamos a apenas "seis graus de separação de Kevin Bacon",[4] a verdade é que estamos a apenas 3,5 pessoas de qualquer pessoa no Facebook. Mesmo com 7,7 bilhões de pessoas no planeta, as redes sociais fizeram o mundo parecer surpreendentemente pequeno. Isso significa que não só somos todos compelidos a "fazer como os influenciadores fazem", como também somos influenciados pelas aspirações que vemos nas pessoas comuns. Podemos comemorar grandes realizações do esporte, admirar a resiliência do espírito humano em superar o sofrimento e ser inspirados por um ato aleatório de bondade praticado por um estranho flagrado pelas câmeras. Através de memes, postagens e vídeos, damo-nos conta de que a humanidade é mais divertida do que pensávamos. Mais compassiva do que pensávamos. Mais generosa do que pensávamos. Isso nos dá esperança para um novo dia. Leva-nos a crer que o amanhã pode ser melhor. Encoraja-nos a fazer o bem, o quer que isso signifique em nosso contexto.

Na melhor das hipóteses, as redes sociais podem ser uma vivência de "Tito 2". Ao seguirmos pessoas cristãs on-line, podemos aprender mais sobre teologia e apologética, entender como os princípios bíblicos se aplicam à nossa situação atual e ver um pouco da feminilidade bíblica na vida de mulheres reais. De ideias para passar momentos a sós com Deus a estratégias para orar e dicas de hospitalidade, as pessoas que seguimos on-line podem "ensinar-nos o que é bom", apresentando verdade, beleza e bondade

---

4 N.T.: A "teoria dos seis graus de separação" diz que qualquer pessoa está a apenas seis pessoas de distância de qualquer outra pessoa no mundo, como o ator Kevin Bacon, em relação a quem se popularizou o conceito.

diretamente em nosso *feed*. As redes sociais têm o potencial de nos ensinar como é ser donas de casa bíblicas, funcionárias esforçadas e voluntárias humildes, bem como esposas, mães, filhas, tias e membros de igreja fiéis. Elas podem nos mostrar a vasta beleza da criação de Deus — que não existem duas pessoas iguais, que a piedade de uma adolescente é tão bela quanto a de uma profissional ou de uma mãe de tempo integral. Nosso tempo on-line pode ser uma ferramenta poderosa para nos influenciar a seguir Jesus onde quer que nos encontremos.

## INFLUENCIADAS PARA PIOR

Imagine o seguinte: Eu bato à porta da sua casa. Você atende. Após algumas cordialidades, começo a lhe dizer como viver: "Você precisa limpar o chão com o produto de limpeza da marca tal, água sanitária e água, não com aquele produto pronto para uso. Sua rotina de exercícios é muito básica. Você precisa de mais treinamento de força e desse tipo específico de faixa elástica. Pegue aqui o código de um cupom. Parece que você usa pouco seu talão de cheques — você precisa doar para essas três causas das quais você nunca ouviu falar até hoje. Seus filhos são umas aberrações. Aqui está a última estratégia em criação de filhos. Além disso, dê um fim em todos os brinquedos deles. O cérebro deles está virando mingau".

Essa conversa seria muito louca, não? Espero que você tenha dito que sou uma estranha e não tenho o direito de me meter na sua vida. Além disso, a verdade é que eu não sei exatamente *como* você deve viver, porque suas circunstâncias são diferentes das minhas. Você estaria certa em me mandar cair fora.

> VENDO A MULHER QUE A ÁRVORE ERA
> BOA PARA SE COMER, AGRADÁVEL AOS OLHOS E
> ÁRVORE DESEJÁVEL PARA DAR ENTENDIMENTO,
> TOMOU-LHE DO FRUTO E COMEU. (Gn 3.6)

No entanto, nosso comportamento nas redes sociais é o contrário disso. Ao navegar nelas, permitimos que vozes desse tipo entrem em nossas vidas e, com o tempo, começamos a fazer o que elas dizem — e, de alguma forma, não enxergamos como, no fundo, isso é absurdo. Talvez isso aconteça porque faz parte da natureza humana olhar para os outros ao tomar decisões. Na verdade, fomos criados para ser assim. O objetivo sempre foi que olhássemos para nosso Criador para saber como devemos viver a vida. Contudo, assim como Eva no Jardim, temos dificuldade em nos colocar debaixo da influência certa. Antes da queda, Eva vivia debaixo da santa e perfeita influência de Deus. Porém, no momento em que outra influência adentrou o Jardim, Eva sucumbiu. Ela rejeitou seu compromisso com o Senhor como sua influência principal em favor de algo que ela achava que lhe traria mais felicidade, sucesso e poder.

E nós continuamos seguindo esse padrão. Assim como Eva, rejeitamos Deus e seguimos a influência do orgulho e do pecado em nossos corações. Caímos facilmente na armadilha do ganho em curto prazo, dando uns jeitinhos aqui e ali, que achamos que nos tornarão mais felizes e satisfeitas. A Bíblia parece vaga e arcaica, então procuramos sugestões de outras pessoas on-line para construir um ideal do que uma mulher cristã deve ser. Em sua biografia e algumas vezes no *feed*, as pessoas que seguimos dizem que amam Jesus, então elas devem ser confiáveis, certo? Vamos colhendo informações com as mulheres que seguimos, fazendo um apanhado sobre o que comer, como decorar um lugar, o que vestir e para onde ir nas férias. Elas determinam nossa estratégia de disciplina para nossos filhos, qual livro da Bíblia vamos estudar, como devemos votar nas eleições do conselho estudantil e quais devem ser nossas visões de injustiça e igualdade.

Isso nos coloca em uma espiral perigosa. Ao buscarmos ser como as mulheres que vemos on-line, em algum momento percebemos que é impossível nos comparar ao *feed* melhorado delas. Sentimo-nos confusas em relação a nossos dons e contribuições, tentando melhorá-los, com o objetivo de ficarem mais parecidos com aqueles que vemos on-line. Duvidamos do plano de Deus para nossas vidas, buscando outras opiniões e caminhos. Nossa identidade fraqueja quando tantas influências clamam por nós, dizendo-nos o que fazer e como viver.

Aos poucos, nossa definição de "mulher cristã" vai inchando e se expandindo a ponto de incluir a maneira de limparmos a casa, a comida que preparamos e se nos autopromovemos ao comentar causas populares recentes. De repente, viver o evangelho parece algo complicado, como uma série de dificuldades que temos de enfrentar, mas para a qual não temos a energia ou a capacidade física necessárias. Algo que começou como útil e divertido acabou se tornando perigoso, não só para nossa saúde, mas também para nossa capacidade de viver uma vida cristã do jeito que somos e onde nos encontramos.

Mas talvez exista outro caminho.

## DEBAIXO DA INFLUÊNCIA DE CRISTO

Vamos deixar uma coisa clara: ser influenciada por outras pessoas não é algo necessariamente ruim. Isso faz parte do plano de Deus para nós e não é algo que podemos mudar, negar ou impedir. Fomos feitas para viver em comunidade, desenvolvendo e sendo desenvolvidas por aqueles que estão ao nosso redor, especialmente na igreja. Lemos livros escritos por pessoas de várias épocas, cujas histórias e ideias moldam nossa própria história e nossas ideias. E todo o nosso processo de santificação tem por objetivo nos transformar, por meio da influência do Espírito Santo, na perfeita semelhança de Cristo. Estamos todas sempre debaixo de influências. A questão é: *Qual é a nossa principal influência?*

> PORTANTO, TAMBÉM NÓS, VISTO QUE TEMOS A RODEAR-NOS TÃO GRANDE NUVEM DE TESTEMUNHAS, DESEMBARAÇANDO-NOS DE TODO PESO E DO PECADO QUE TENAZMENTE NOS ASSEDIA, CORRAMOS, COM PERSEVERANÇA, A CARREIRA QUE NOS ESTÁ PROPOSTA, OLHANDO FIRMEMENTE PARA O AUTOR E CONSUMADOR DA FÉ, JESUS, O QUAL, EM TROCA DA ALEGRIA QUE LHE ESTAVA PROPOSTA, SUPORTOU A CRUZ, NÃO FAZENDO CASO DA IGNOMÍNIA, E ESTÁ ASSENTADO À DESTRA DO TRONO DE DEUS. (Hb 12.1-2)

Quando nos pedem para dizer quem é a pessoa mais influente em nossa vida, muitas de nós poderíamos dizer que é nossa mãe. Ou talvez uma irmã ou amiga querida. Mas o que nosso comportamento diria? Nosso jeito de falar? Nosso tempo? Será que indicariam que nossa principal influência é uma celebridade? Ou uma influenciadora? Ou uma combinação de pessoas on-line?

Por alguma razão, não costumamos pensar em Cristo. Poderíamos dizer que o seguimos ou que nos comprometemos com ele, mas não costumamos pensar em usar a palavra "influenciador" quando se trata de Jesus.

Talvez seja assim porque Cristo é contracultural ao nosso típico paradigma de influência. Ele não era atraente. Ele era conhecido por ir embora logo após suas pregações. Ele rejeitava a fama, tentava moderar sua popularidade e se cercava de pessoas inexpressivas e impopulares, que não ajudavam em nada a promover seu *status*. De fato, ele passava muito tempo com pessoas que nem sequer combinavam com sua "marca" — ele pregava santidade e graça, mas seus seguidores não estavam preocupados com santidade e menosprezavam sua graça.

E, não obstante, Cristo é "a imagem do Deus invisível", "o resplendor da glória e a expressão exata do seu Ser" (Cl 1.15; Hb 1.3). Mesmo com a influência do mundo a pressioná-lo dia após dia, durante os 33 anos de sua vida, ele foi total e absolutamente perfeito e sem pecado. Ao transitar entre influências que tentavam afastá-lo de seu ministério, Cristo fixava seus olhos na "alegria que lhe estava proposta" e confiava completamente na vontade do Pai (Hb 12.2). O significado disso foi que, no auge de sua popularidade, Jesus fez exatamente o contrário do que esperávamos: ele foi voluntariamente até a cruz com o propósito de sofrer e morrer em favor de pessoas que não tinham como lhe oferecer nada em troca.

Podemos afirmar que Jesus é o único influenciador que merece que o sigamos incondicionalmente.

As palavras de Deus são muito importantes para você? Os caminhos dele são os seus caminhos? Você ama aquilo que ele ama? O povo de Deus sempre teve dificuldade em responder a essas perguntas. Enquanto vivermos neste mundo caído, nunca deixaremos de ouvir o conflito de vozes que disputam nossa atenção. Contudo, temos Jesus, o influenciador perfeito, nosso grande sumo sacerdote, e seu coração está ligado ao nosso. Ele promete nos ajudar nos momentos de necessidade (Hb 4.16) e enviou o Espírito para nos guiar (Rm 8.14). Assim como Paulo no caminho de Damasco, Zaqueu na árvore, a mulher no poço e Raabe em sua casa, ao fixarmos nossos olhos em Cristo, as demais influências terão menos poder sobre nós.

Para fixarmos bem nossos olhos no Senhor, de tempos em tempos temos de avaliar nosso comportamento. Muitas vezes, quanto mais tempo passamos com produtores de conteúdo nas redes sociais, mais persuasivos eles podem tornar-se em nossas vidas. Portanto, vale a pena investir tempo em melhorar seu *feed*, a fim de que ele influencie você em direção à piedade bíblica. Isso não significa que todas as pessoas que você segue tenham de ser cristãs ou só falar de Jesus o dia inteiro, mas você deve se perguntar: *Será que essa pessoa está me influenciando em direção àquilo que é verdadeiro, bom e belo? Ela me ajuda a desfrutar Cristo e estar satisfeita nele?* Se a resposta é não, você tem de fazer alguns ajustes. Essa pessoa pode até ser cristã! Mas, se ela estiver causando confusão em seu coração, talvez seja a hora de parar de segui-la.

Cada pessoa consegue suportar um limite diferente de inspiração e desejo. Algumas mulheres conseguem acompanhar um *feed* cheio de influenciadores de *design* e de "faça você mesma" sem se sentir culpadas em relação a seu *design* de sala de estar ou padrão de limpeza. Algumas conseguem alegrar-se com o sucesso de outras pessoas sem sentir inveja, ler postagens políticas sem ficar ansiosas ou discernir quais conselhos não encontram fundamento na Escritura. E essas habilidades podem mudar em diferentes épocas.

Preste bastante atenção em como seu *feed* está conduzindo você. Faça alterações pontuais seguindo ou silenciando pessoas, mas também dedique um tempo periodicamente a avaliar cuidadosamente sua lista de amigos e pessoas que você segue. Ao fazer isso, pense em quanto tempo você está gastando com determinada voz, ou com vozes parecidas. Três minutos por dia podem não parecer muito, mas, ao longo de um ano ou dois, que influência isso terá em seu comportamento? Será que essa voz devia estar presente na sua vida? E quanto essa voz representa em comparação ao tempo que você gasta lendo a Bíblia ou indo à igreja?

O desafio Kylie Jenner pode continuar parecendo bobagem para você, assim como para mim. Mas pelo menos ele é um excelente retrato de como as redes sociais podem influenciar todas nós na direção de pensamentos e comportamentos tolos, imprudentes e até mesmo perigosos. Felizmente, existe um influenciador perfeito a seguir, Jesus Cristo.

Recentemente, ensinei a meus filhos um hino que aprendi quando era criança para ajudá-los a buscar o Senhor quando as vozes do mundo parecerem pesar e confundir. Talvez ele possa ser útil a todas nós: "Fixa teus olhos no Mestre, vem seu rosto tão lindo mirar e as influências do mundo ele irá ofuscar com sua glória e sua graça sem par".[5]

---

5 N.T.: Tradução nossa do hino "Turn your eyes upon Jesus" (de Helen Howarth Lemmel, 1922), adaptada da versão adventista em português (disponível em: https://musicaeadoracao.com.br/33933/hinario-adventista-do-setimo-dia-360/. Acesso em: 29 dez. 2022). Para a letra original do hino, acesse: https://hymnary.org/text/o_soul_are_you_weary_and_troubled.

## QUESTÕES PARA REFLEXÃO OU DISCUSSÃO

*Para começar:* Quem você diria que é a pessoa mais influente em sua vida? Quais mudanças em sua vida podem ser atribuídas a essa pessoa?

1. "Ser influenciada por outras pessoas não é algo necessariamente ruim" (p. 89). Cite exemplos de como é inevitável ser influenciada por outras pessoas. Cite exemplos de como ser influenciada por outras pessoas faz parte do plano bom de Deus para nós.
2. Pense em seu *feed* atual. Cite cinco pessoas que você fica ansiosa para ouvir tão logo acessa as redes sociais. Elas influenciam você a amar a Deus e ao próximo ou não? De que maneira você percebe a influência delas?
3. De que forma alguns influenciadores fazem você se sentir pressionada a se adaptar a determinada imagem de feminilidade piedosa?
4. Você diria que Jesus é seu principal influenciador? Quais comportamentos em sua vida poderiam indicar que sua resposta é verdadeira? Quais comportamentos poderiam revelar que sua resposta não é verdadeira? Cite duas formas de buscar ser cada vez mais influenciada por Deus e por sua Palavra.

*Estudo adicional:* Leia Hebreus 11.4–12.2.

1. Escolha um dos nomes de Hebreus 11. Em que situação essa pessoa se encontrava? Como ela demonstrou ter fé?
2. Hebreus 12.1 nos diz que esses santos do Antigo Testamento são uma "nuvem de testemunhas" que nos encorajam a ser fiéis em nossa vida. Como a história da pessoa que

você escolheu a encoraja a lutar contra o pecado e buscar a santidade?
3. Muito mais do que os santos do Antigo Testamento, para quem devemos olhar (veja 12.2)? Por que isso é importante?
4. Como você tem sido influenciada pela história de outras pessoas fiéis em sua vida?
5. Quais influenciadores das redes sociais a encorajam a se desembaraçar do pecado e correr com perseverança, olhando para Jesus? Cite algumas formas de ser mais intencional em reunir uma "nuvem de testemunhas" em seu *feed*.

6

# RELACIONAMENTOS: AMANDO DA MELHOR FORMA

*STEPHANIE GREER*

Cinco anos atrás, troquei meu apartamento de dois quartos por um adorável cômodo com uma família de seis pessoas e uma colega de quarto. Antes de eu me mudar, o pai da família disse: "Você é bem-vinda para morar aqui, mas saiba que somos pecadores e que você verá isso enquanto morar aqui". Ele foi honesto e tinha razão.

Talvez você more ou já tenha morado com outras pessoas. Quer sejam membros de sua família, colegas de faculdade ou companheiros de quarto, viver na mesma casa é um meio infalível de conhecer bem uma pessoa. Viver na mesma casa nos comprime uns contra os outros, revelando tanto nosso pecado como a maneira como estamos sendo redimidos. Viver diariamente com alguém, compartilhar a torradeira, a pia do banheiro e a máquina de lavar, essa é a melhor forma de conhecer alguém — e é a melhor forma de conhecer a si mesma.

Já as redes sociais são exatamente o contrário de viver com alguém. Nós escolhemos partes de nós e as melhoramos com o objetivo de mostrá-las ao mundo. Ninguém consegue ouvir a frustração nada gentil em minha voz quando atendo a um pedido no final de um dia longo, nem minha luta com a impaciência quando me obrigo a ouvir minha colega de quarto contando que teve um dia ruim. Tudo que as pessoas veem em minhas redes sociais é o espaço cuidadosamente controlado no qual eu as convido a entrar.

Isso não significa que as redes sociais não tenham seu valor. Quando eu era recém-convertida a Cristo, encontrei, logo no início, grupos cristãos por meio de relacionamentos no Facebook. Nesse espaço virtual, eu fiz amigos que se tornaram amigos na vida real.

Também vivi em três cidades e dois estados ao longo de minha vida adulta. Na maior parte do tempo, fico a milhares de quilômetros de distância de meus familiares próximos e amigos. As redes sociais têm sido um meio maravilhoso de manter esses relacionamentos.

Talvez você também pense assim. Nove em cada dez mulheres entrevistadas, em média, pela Coalizão pelo Evangelho disseram que, inicialmente, o principal motivo de se haverem cadastrado nas redes sociais foi para se conectar com a família e os amigos. E cerca de oito em cada dez mulheres responderam que esse é o principal motivo de elas continuarem nas redes sociais.

Por meio de nossas plataformas nas redes sociais, a maioria de nós mantém uma rede de amigos que inclui tanto as pessoas que trabalham e adoram conosco como uma variedade de amigos de amigos e influenciadores famosos que jamais conhecemos. Então, qual é a maneira certa de enxergarmos nossos relacionamentos on-line?

## FOMOS FEITAS PARA ESTAR CONECTADAS

Gostamos do "social" nas redes sociais porque fomos feitas para estar conectadas. Isso é natural para nós porque nosso próprio Criador — Pai, Filho e Espírito — está em comunhão consigo. Embora a singularidade de nosso Deus triúno seja incomparável, ele fez o homem à sua imagem com o propósito de refleti-lo.

Desde o casamento que acontece no Jardim, em Gênesis 2, até a promessa da família feita a Abraão, em Gênesis 12, está claro que Deus valoriza os relacionamentos. E ele não só valoriza os relacionamentos, como também chama os fiéis a fazerem o mesmo. Sua Palavra nos exorta a perdoar, suportar, nos alegrar e ter paciência uns com os outros. Não é difícil deduzir que Deus valoriza os relacionamentos verdadeiros e a comunidade autêntica.

> CERCA DE 87% DAS MULHERES QUE RESPONDERAM À PESQUISA DA TGC DISSERAM QUE, A PRINCÍPIO, ENTRARAM NAS REDES SOCIAIS PARA SE CONECTAR COM AMIGOS E FAMÍLIA. CURIOSAMENTE, ESSE FOI O MESMO MOTIVO QUE ALGUMAS MULHERES APRESENTARAM PARA NÃO ENTRAR NAS REDES SOCIAIS.

Buscar relacionar-se de maneira santa é um privilégio que os cristãos têm por meio do Espírito Santo. Embora existam muitas formas de as mulheres cristãs se conectarem com a família e os amigos em geral, as redes sociais são uma oportunidade ímpar de criar e cultivar relacionamentos.

Por exemplo: quando me tornei cristã, não contava com um grupo forte de cristãos com quem conversar sobre a minha fé, mas encontrei um grupo assim através das redes sociais. Outras mulheres encontraram apoio profissional, grupos de apoio cristãos para questões de saúde e comunidades para pessoas que passam por situações raras (como, por exemplo, ter gêmeos siameses). Alguns anos atrás, muitas dessas mulheres teriam passado por suas lutas sozinhas — essas conexões possibilitadas pelas redes sociais são um verdadeiro presente de Deus.

As redes sociais também permitem que amizades continuem apesar do tempo e da distância. No verão de 2012, aluguei, com outras nove mulheres da Rússia, China, Coreia do Sul, Japão, Namíbia e Argentina que também estavam cursando a faculdade, uma casa de cinco quartos no sul da Califórnia. No final do ano, a maioria voltou a seus países de origem.

Nós choramos e nos abraçamos ao nos separar, sabendo que nunca mais teríamos uma experiência como aquela. Aprendemos a suportar umas às outras, nos alegrar umas com as outras e lamentar quando as tragédias nos sobrevinham. Como é agradável estar conectada com essas mulheres nas redes sociais, plataformas que nos ajudam a manter os laços que já tínhamos e nos amar a distância.

As redes sociais também ajudam a compartilhar atualizações da família e ministérios ao toque de um botão. Elas são úteis para organizar e enviar refeições a pessoas carentes, para tornar conhecidas as necessidades, para manter a família atualizada sobre o crescimento das crianças. Incontáveis correntes de oração e campanhas para arrecadar dinheiro a fim de ajudar famílias necessitadas são compartilhadas nas redes de amigos e conhecidos em questão de segundos. Os santos têm a oportunidade de encorajar uns aos outros diariamente, usando suas palavras para ajudar família e amigos a pensar em tudo aquilo que é verdadeiro, respeitável, justo, puro, amável e de boa fama (Fp 4.8).

Mas nem tudo que reluz é ouro.

## TRÊS RAZÕES PELAS QUAIS DELETO MEU INSTAGRAM

Nem sempre interajo com as redes sociais de maneira saudável. Sou conhecida por, espontaneamente, deletar o aplicativo do Instagram do meu celular pelo menos três vezes por mês.

Em geral, eu o deleto quando acontece uma destas três coisas:

A primeira é eu ter acabado de passar um tempo exorbitante consumindo fotos alheias sem moderação, o que me deixa com uma espécie de mal-estar no estômago — um tipo de cobiça ou de espírito crítico que muda a forma como vejo meus amigos (e até mesmo os influenciadores que não conheço pessoalmente).

Esse problema tem início quando nosso relacionamento com outras pessoas parece depender de nossa presença on-line. As redes sociais podem amplificar sentimentos de insignificância, especialmente quando não recebemos novas curtidas ou comentários. Como resultado, podemos cair no desejo de mostrar à nossa família, aos amigos e conhecidos que nossas vidas são alegres e interessantes. Postamos fotos de nossas férias mais recentes, de nossa cozinha reformada e do troféu de beisebol de nosso filho — e isso nos deixa para cima, mas possivelmente colocando alguém para baixo, alguém que sentirá a necessidade de postar sobre seu próprio sucesso e felicidade. E assim o ciclo continua.

> CERCA DE 57% DAS MULHERES
> QUE RESPONDERAM À PESQUISA DA TGC DISSERAM
> SENTIR-SE IRRITADAS COM ALGUMAS PESSOAS
> QUE VEEM NAS REDES SOCIAIS.

Esse ciclo é consequência de um meio que, em sua maior parte, mantém os relacionamentos na superfície. Fotos, novidades contadas rapidamente, postagens políticas e *stories* de dez segundos tendem a ocupar o lugar de longas conversas com a família e os amigos. Isso é perigoso porque, ao olharmos postagens e *stories* de outras pessoas do ponto de vista de nossos próprios sentimentos e emoções, pode parecer que interagimos com outra pessoa. Mas tudo o que fizemos foi ficar face a face com nossas próprias percepções do conteúdo que os outros criaram.

Isso também é perigoso em um nível mais profundo. Um dos problemas que acontecem com a constante habilidade de rolar a tela, ler e postar on-line é a sensação de que podemos estar em todos os lugares e interagir com tudo ao nosso redor igualmente. Podemos começar a pensar que somos oniscientes e onipresentes. Em seguida, esse pecado gera mais pecados e, então, podemos começar a fazer julgamentos.

O segundo motivo para eu sair do Instagram é que, às vezes, eu me sinto acabada quando algumas notícias levam todo mundo a se sentir pressionado a postar sua opinião e de que lado se encontra. Essas reações nem sempre são fundamentadas e gentis, e eu começo a pensar mal das pessoas que as postaram.

Se você interagiu em qualquer plataforma de rede social nos últimos anos, sem dúvida viu (ou até emitiu) opiniões rápidas e ásperas sobre temas complexos como criação de filhos, férias, liberdade cristã, vacinas, protestos, escolha extracurricular e visão política. Ler sobre a opinião rápida de outra pessoa sobre um assunto — especialmente fora do contexto de um relacionamento real e de qualidade com essa pessoa — provavelmente altera a maneira como você a vê. Seu cérebro pode fazer todo tipo de suposições a respeito das crenças de outra pessoa e talvez você tenha até decidido gostar menos (ou mais) dela em razão do que você imagina que ela pensa.

Quando vemos continuamente um monte de palavras raivosas on-line, começamos a entrar nas redes sociais preparadas para nos sentir impacientes, em posição defensiva e rápidas para julgar — talvez você já tenha se sentido assim. Ou quem sabe você tenha passado pela experiência de ser o motivo da rápida exasperação e confusão de outras pessoas. Muitas vezes esquecemos a lição simples de acreditar no melhor (1Co 13.7) e preferimos métodos abrasivos de procurar esclarecimentos — se é que procuramos esclarecimentos.

É possível também que você tenha sentido alguma irritação social não relacionada à opinião alheia. As redes sociais podem ressaltar aspectos que você não aprecia na personalidade de outra pessoa. Talvez um de seus amigos tenha aparecido em sua caixa de mensagens e iniciado uma conversa para, no final, lhe oferecer produtos de seu próximo empreendimento comercial. Talvez um amigo constantemente escreva mensagens negativas, ou tenha o costume de dar lições de moral ou poste diariamente sobre sua rotina de exercícios físicos. A irritação que sentimos aumenta, e o fruto do Espírito diminui.

O terceiro motivo pelo qual saio do Instagram é por sentir culpa pela quantidade de tempo que passo on-line. Quero sair da tela e estar presente com as pessoas ao meu redor. Talvez a forma mais problemática de as redes sociais afetarem nossos relacionamentos seja prometendo nos conectar, mas, ao mesmo tempo, nos afastando das conexões que já temos.

> A MAIORIA DAS MULHERES QUE RESPONDERAM À PESQUISA DA TGC NÃO USA AS REDES SOCIAIS COMO PRINCIPAL FORMA DE SE CONECTAR COM AMIGOS E FAMÍLIA (MENOS DE 2%). EM VEZ DISSO, ELAS USAM MENSAGENS DE TEXTO OU DE VOZ (51%), FAZEM VISITAS PESSOAIS (33%) OU LIGAÇÕES TELEFÔNICAS (14%).

Alguns anos atrás, eu estava jogando um jogo com a querida filhinha de três anos de uma amiga. A menina percebeu que, a cada rodada, eu rapidamente dava uma olhada no Instagram em meu celular. "Deixa eu ver!", gritou ela. Então, eu percebi que estava trocando uma interação humana em tempo real pelas lembranças passageiras de outras pessoas.

Pedi desculpas a ela e resolvi manter meu foco no prazer de interagir com pessoas reais em tempo real. Não sou como Deus; sou limitada. Só posso interagir bem em um lugar de cada vez. Quero estar totalmente presente com aqueles que estão perto de mim.

E interagir é exatamente o que quero fazer. Por isso continuo voltando ao Instagram: sinto que estou perdendo conexão humana se deixar as redes sociais de vez.

Para usar bem as redes sociais, temos de saber para o que elas são boas — e para o que não são. Temos de lutar contra o desejo de chegar a conclusões sobre outras pessoas como se tivéssemos acesso a todas as informações relacionadas às suas decisões. Temos de reconhecer nossas limitações, olhando para o exemplo de Cristo e para seu chamado ao verdadeiro amor. Precisamos nos aprofundar nos relacionamentos em vez de supor que conhecemos alguém só porque vemos o que essa pessoa posta. Precisamos amar de uma forma que não inveje nem se orgulhe, de uma forma que não seja arrogante nem grosseira, de uma forma que tudo suporta e tudo crê (1Co 13.4-7).

## CONHECIDAS POR NOSSO AMOR

Cresci em uma pequena igreja no Haiti. Lá, é comum um falar e o outro responder nos cânticos e na pregação de nossos cultos. Como você responderia ao seguinte: "Eles saberão que somos cristãos por causa de nosso_____"? Minha congregação saberia terminar essa frase com a palavra *amor*.

Será que os não cristãos conseguem olhar para nossas interações presenciais com a família e os amigos, e ver amor? Se nossas palavras, pensamentos, intenções e tempo fossem colocados à mostra, poderíamos dizer honestamente que estamos agindo em prol de uma missão maior do que buscar nossa própria fama e nosso próprio conforto?

Esses mesmos padrões se aplicam ao buscarmos relacionamentos que glorificam a Deus nas redes sociais. A santidade não é marcada pelo número de vezes que você citou a Escritura em seu perfil. Ela é interior.

Usar as redes sociais de forma santa e sábia tem início em nosso coração. Precisamos confessar nossos julgamentos, nossos confrontos e nossas cobiças. Cristo nos dá a oportunidade de olhar para nossas falhas e limitações, e buscá-lo, aquele a quem não falta sabedoria.

Em segundo lugar, temos de reconhecer as forças e as fraquezas desse meio de comunicação. Se você não consegue amar sua irmã em Cristo após ver uma postagem dela, sugiro que interaja com ela pessoalmente. Convide-a para tomar um café ou encontre-a depois da igreja. Lembre-se de quanto ela é amável e agradeça ao Senhor por ela. Se você precisar, oculte as postagens dela, para que seu coração não se endureça em relação a ela.

Se as redes sociais estão custando sua comunhão cristã — por causa das interações on-line ou por negligenciar oportunidades de interação presencial —, então talvez você precise sair. Existem outras formas de se relacionar. Ou talvez você precise limitar seu tempo nas redes sociais, para que esse tempo seja proporcional à qualidade dos laços que elas podem, de fato, oferecer.

## ACOLHA SUAS FRAQUEZAS

Pode ser frustrante não ser forte o bastante para resistir à tentação de abrir o Facebook de novo, à tentação de arruinar sua boa vontade em relação a uma conhecida por se haver irritado com uma postagem irrefletida dela, à tentação de se sentir distante de uma amiga porque ela postou sobre uma viagem da qual você nem sabia.

Sabemos que não devemos ser rápidos em nos irar, mas, sim, tardios em julgar e prontos a estender a graça.

Nosso fracasso em sermos santos não deve resultar em desprezo por nós mesmos e pelos outros, e sim em clamor a Jesus. Nossa fraqueza não deve levar-nos a confrontos, mas à alegria — alegria em Jesus, que, em sua humildade, aceitou vir à terra, viveu uma vida perfeita e nunca pecou, a fim de que pudesse nos dar uma vida plena, alegre e eterna. Aquilo que ele promete é muito melhor do que qualquer sociedade utópica on-line.

> SABEIS ESTAS COISAS, MEUS AMADOS IRMÃOS. TODO HOMEM, POIS, SEJA PRONTO PARA OUVIR, TARDIO PARA FALAR, TARDIO PARA SE IRAR. PORQUE A IRA DO HOMEM NÃO PRODUZ A JUSTIÇA DE DEUS. (Tg 1.19-20)

"Quanto mais autêntica e profunda for nossa comunhão, mais todo o resto ficará em segundo plano, e com mais clareza e pureza Jesus Cristo, única e exclusivamente ele, e sua obra se tornarão vivos entre nós", escreveu Dietrich Bonhoeffer. "Temos uns aos outros apenas por intermédio de Cristo, mas através de Cristo temos, de fato, uns aos outros, por inteiro e por toda a eternidade."[1]

À luz dessa verdade, toda interação on-line é mais uma oportunidade de admitirmos nossa realidade: não podemos fazer nada de bom sem que o Espírito Santo aja dentro de nós. E somente colocando nosso relacionamento com Deus em primeiro lugar é que podemos construir relacionamentos saudáveis com as outras pessoas.

Essa é uma realidade que liberta. Deus chama suas criaturas finitas a se submeterem a ele em seu poder infinito. Em um mundo

---

1 Dietrich Bonhoeffer, *Vida em comunhão* (São Leopoldo: Sinodal, 1997), p. 16.

no qual lutamos para estar presentes e lidamos com todo tipo de medo de perder oportunidades, nosso Deus singular nos oferece verdadeira comunhão com ele e promete estar presente *para todos nós, em todos os momentos, para sempre.*[2] Não há um único lugar onde possamos estar fora de sua presença. Não há lugar mais profundo em que sua presença não tenha estado primeiro.[3]

Nunca estamos sozinhos. Nunca passamos despercebidos. Já temos o relacionamento mais agradável que poderíamos desejar. Não precisamos usar as redes sociais para acumular milhares de conexões ou garantir que todos esses amigos concordem conosco. Em vez disso, fazemos melhor uso das redes sociais quando convidamos outras pessoas a participar da comunhão que já temos com Deus.

## ENXERGANDO CORRETAMENTE

Recentemente, derrubei meu iPhone e a câmera traseira ficou trincada. Ainda consigo fazer muitas fotos, mas notei que a perspectiva fica um pouco turva. Quando eu, finalmente, consertar meu celular, sei que poderei ver as coisas com muito mais clareza. Não estarei limitada, tentando decifrar qual era a imagem que eu estava tentando fotografar. Eu a verei com todas as suas cores vibrantes, seus ângulos e linhas.

---

[2] "A natureza divina de Jesus permite que ele esteja sempre presente conosco. Em sua divindade como Filho de Deus, ele é onipresente. Portanto, podemos estar em comunhão com ele onde quer que nos encontremos. Temos comunhão com Cristo como um todo, inclusive com sua humanidade, pois o onipresente Filho de Deus elimina a distância geográfica entre nós e a humanidade de nosso Salvador, a qual, assim como nossa humanidade, está em apenas um lugar de cada vez" (R. C. Sproul, "The God who is everywhere", *The Attributes of God Series*, Ligonier Ministries. Disponível em: https://www.ligonier.org/learn/series/attributes-of-god/the-god-who-is-everywhere/. Acesso em: 31 out. 2021.

[3] Tomás de Aquino, *Summa Theologica* (Nova York: Benziger Bros., 1947), Christian Classics Etheral Library. Disponível em: https://ccel.org/ccel/aquinas/summa/summa.FP_Q8_A1.html/. Acesso em: 31 out. 2021.

Da mesma forma, nem sempre vemos nossos irmãos e irmãs da perspectiva de sua posição junto a Cristo. Tenho certeza de que, se eu mantivesse esse entendimento em mente, isso mudaria minha atitude ao me aproximar de pessoas que postam coisas das quais eu discordo. Eu me aproximaria delas com entendimento, com graça, sabendo que o Espírito Santo está agindo (às vezes de forma invisível), com o fim de torná-las mais parecidas com Cristo (1Pe 3.8-9).

Se eu pensasse o melhor de meus amigos na vida real e on-line, não fugiria das conversas difíceis, quando elas aparecessem. Eu faria mais perguntas, e iria pressupor menos respostas. Eu relevaria mais seus hábitos irritantes e apreciaria mais os dons que Deus lhes deu.

Quando usamos bem as redes sociais — como uma ferramenta limitada para construir relacionamentos —, elas podem ser uma forma maravilhosa de se conectar com outras pessoas. Ainda assim, que possamos exclamar com João: "Em breve, espero ver-te. Então, conversaremos de viva voz" (3Jo 1.14).

## QUESTÕES PARA REFLEXÃO OU DISCUSSÃO

*Para começar:* Quem são as pessoas em sua vida que mais conhecem você? O que há de tão valioso nesses relacionamentos transparentes?

1. "Tudo que as pessoas veem em minhas redes sociais é o espaço cuidadosamente controlado no qual eu as convido a entrar" (p. 96). Que tipo de coisa você compartilha nas redes sociais? Que tipo de coisa você não quer compartilhar? O que isso lhe diz sobre o que você quer que as pessoas pensem ou saibam a seu respeito?

2. Cite alguns relacionamentos que você pôde criar ou manter graças às redes sociais. Como Deus tem abençoado você nessas conexões?
3. Leia mais uma vez os motivos que fazem Stephanie deletar constantemente o Instagram (pp. 99-102). Com quais desses motivos você se identifica? Que outros motivos para sair das redes sociais você poderia acrescentar?
4. "E somente colocando nosso relacionamento com Deus em primeiro lugar é que podemos construir relacionamentos saudáveis com as outras pessoas" (p. 105). Por que nossos relacionamentos com outras pessoas às vezes parecem ser mais importantes do que nosso relacionamento com Deus? O que você poderia comprometer-se a fazer para colocar seu relacionamento com Deus em primeiro lugar?

*Estudo adicional:* Leia Romanos 12.9-21.
1. Liste os mandamentos específicos desses versículos.
2. Qual é o tema geral desses mandamentos? (Dica: v. 10a)
3. Considerando o que você conhece do restante da Escritura, qual é nossa motivação para amar os outros? Onde podemos buscar ajuda? O que devemos fazer quando falhamos?
4. Qual dos mandamentos desses versículos é o mais difícil de você praticar on-line? Por quê?
5. Confesse suas falhas ao Senhor. Peça que ele a ajude a amar os outros da melhor forma possível — especialmente nas redes sociais. Agradeça a ele por suas misericórdias, que se renovam a cada manhã (Lm 3.22-23).

# 7
# RITMOS: REIVINDICANDO SEU TEMPO

*ANA ÁVILA*

Cresci em uma pequena cidade no norte do México. Havia poucas atrações para desfrutarmos, mas nós tínhamos um zoológico.

Não deveríamos ter um zoológico. Era evidente que a cidade não tinha dinheiro (nem compaixão) suficiente para cuidar daqueles animais. Eu não fazia ideia de quanto as condições eram horríveis, mas sabia que algo estava errado. O que me chamava a atenção na infância era a absoluta passividade de animais que eu tinha aprendido que eram ferozes. Minha enciclopédia de biologia dizia que os ursos eram imprevisíveis e que podiam correr a 50 km/h, mas o suposto grande predador na minha frente ficava ali, completamente inconsciente de que poderia facilmente destruir o arame enferrujado que se erguia entre nós.

Às vezes, eu me pergunto se não somos parecidos demais com esse urso.

Vez após vez, ouço pessoas lamentando quanto tempo elas perdem nas redes sociais. Eu mesma reclamo. Lamentamos as horas que perdemos rolando a tela sem pensar. Alegramo-nos em ver como somos mais produtivos quando o celular fica sem bateria. Dizemos que nos sentimos revigorados e focados depois de nosso anual "*detox* de redes sociais".

Mas, então, continuamos a fazer o que sempre fizemos. De novo e de novo e de novo.

Na pesquisa da Coalizão pelo Evangelho, as mulheres responderam que sua maior dificuldade com as redes sociais é a quantidade de tempo que passam nelas. Mais de 50% passam mais de uma hora por dia em suas plataformas, enquanto praticamente 75% disseram entrar nas redes várias vezes durante o dia. Sabemos que isso é demais — 64% afirmaram que ficar nas redes sociais as faz sentir que desperdiçaram seu tempo.

Sentimo-nos presas. Mas será que não percebemos que podemos ter vidas livres de redes sociais quando bem quisermos? Será que não vemos que aquilo que nos prende não é o arame, e sim a maneira que estamos acostumadas a ficar presas?

Parece que não. As redes sociais são um tanto gasosas — se não as contivermos, elas se expandem e preenchem cada cantinho de nossas vidas. Elas invadem nosso trabalho e nosso descanso. Depois de um tempo, acostumamo-nos com a onipresença das redes sociais e desistimos de tentar contê-las.

Alguma coisa tem de mudar.

## LIVRES PARA ESCOLHER NÃO ESCOLHER

Lembra-se de quando o Instagram ficou indisponível, em 2021?

Eu quase não fiquei sabendo. Só fui descobrir que havia um problema quando ouvi alguém falando no celular atrás de mim no café em que eu trabalhava. A mulher estava dizendo que nenhuma de suas mensagens havia sido enviada. Apesar de tudo, meu dia foi normal. Como você pode ver, não uso o Instagram nas segundas-feiras.

Na terça-feira, baixei o aplicativo no celular e postei um *story* com uma pergunta. Eu queria saber o que as pessoas haviam sentido no dia anterior. As respostas começaram a aparecer e, quando dei uma olhada, percebi que a maioria se encaixava em uma destas três categorias:

1. Nem percebi que alguma coisa não estava funcionando. Ah, tanto faz!
2. O apagão me mostrou como estou dependente das redes sociais. Que medo!
3. Foi um dia ótimo. Consegui fazer um *monte* de coisas. Viva!

O terceiro tipo de resposta ficou na minha cabeça por horas a fio. Eu sei qual é a sensação, mas não consigo mais me identificar com ela. Não porque sou forte, mas porque aceitei que sou fraca: já faz anos que não consigo escolher o momento de entrar ou não no Instagram, minha rede social favorita. Eu escolhi não ter essa escolha.

> CERCA DE 64% DAS MULHERES QUE RESPONDERAM À PESQUISA DA TGC DISSERAM TER DIFICULDADE EM PASSAR TEMPO DEMAIS NAS REDES SOCIAIS.

Tudo começou quando tive um bebê. Assim como milhões de pais antes de mim, de repente comecei a me perguntar o que eu fazia com todas as horas do dia antes de aquele pequeno e precioso ser humano entrar na minha vida. Tive de encarar os fatos. Eu era uma mãe de primeira viagem e esposa de um plantador de igrejas; eu estava à frente de um projeto grande e assustador no trabalho, que envolvia ler e escrever sobre assuntos que estavam fora do meu alcance. Eu tinha de me livrar de alguma coisa. E a escolha óbvia eram as redes sociais.

Decidi que continuaria a usar as redes sociais para manter contato com meus leitores e poder ouvir o que eles diziam. Contudo, sinceramente, era óbvio que, para isso, eu não precisava estar no aplicativo todos os dias. Algumas horas por semana seriam o suficiente. Então, decidi usar o Instagram apenas nas terças, quintas e sábados. No resto da semana, deletaria o aplicativo do meu celular. Também escolhi não baixar o aplicativo até que as tarefas mais importantes do dia, em casa e no trabalho, estivessem feitas.

No princípio, foi difícil. Muito difícil. Toda hora eu tinha vontade de olhar o que estava acontecendo na internet. Tinha medo de estar perdendo alguma coisa importante. Eu estava prestes a me tornar uma autora publicada e estava tentando conquistar público (mais para ter certeza de que a editora não iria se arrepender de dar uma chance ao meu livro). Será que ficar fora das redes sociais durante a maior parte da semana faria o livro vender menos? Eu estava morando longe da minha família. Será que ficar fora das redes sociais pela maior parte da semana nos faria ficar ainda mais distantes? Essas perguntas inundavam minha mente, mas, pela graça de Deus, consegui superar o medo. E fico feliz por isso.

## IMPRESSIONADAS DEMAIS

Admita: as redes sociais são incríveis. Se não fossem, não ficaríamos presas nelas. Estamos impressionadas. Impressionadas com todas as pessoas que podemos conhecer e com quem podemos nos conectar. Impressionadas com todos os pedacinhos divertidos de informação que podemos ver e compartilhar. Impressionadas com a criatividade que as pessoas têm em vídeos de trinta segundos. Impressionadas com todas as receitas que podemos salvar, com todos os vídeos de exercícios físicos que podemos praticar, com todas as notícias instantâneas que podemos receber.

De fato, as redes sociais podem ser uma ferramenta incrível para nos ajudar a fazer aquilo que deveríamos fazer com nossas vidas. Podemos encorajar outras pessoas com o evangelho em praticamente qualquer lugar no qual elas estejam. Podemos encontrar todo tipo de ideias e recursos para educar nossos filhos. Podemos ser rapidamente informadas daquilo que está acontecendo em nossa comunidade e nos organizar para ajudar no que for preciso.

No entanto, as redes sociais também podem ser um buraco negro que nos afasta daquilo que deveríamos fazer com nossas vidas. Podemos passar mais tempo procurando o filtro perfeito do que meditando na mensagem que queremos compartilhar. Podemos salvar mais um recurso didático para nossos filhos que nunca vamos usar, em vez de sentar e fazer algo simples e divertido com eles. Podemos tentar nos manter informadas de tudo que está acontecendo no mundo em vez de servir aos necessitados que estão perto de nós.

Portanto, precisamos ter cuidado com a maneira de usar essa ferramenta impressionante que Deus colocou em nossos bolsos.

## AS REDES SOCIAIS NÃO SÃO "SÓ UMA FERRAMENTA"

"As redes sociais são só uma ferramenta. Depende de como você as usa." Eu entendo esse senso comum, mas penso que ele é enganoso por pelo menos dois motivos.

O primeiro motivo é que as redes sociais não são como um martelo ou uma tesoura que você pode deixar guardados até decidir usá-los para fazer o que quer que seja. As redes sociais nunca ficam "guardadas". Elas foram projetadas para fazer com que você se comporte de certa forma. Essa forma não combina, necessariamente, com "tudo que é puro, tudo que é amável" (Fp 4.8). Essa forma faz com que você fique clicando e dando lucro às empresas nas redes sociais. Por isso é surpreendente ouvir que as pessoas ficaram sem usar as redes sociais por meses, semanas ou até mesmo alguns dias. As redes sociais foram feitas para nos fazer achar que não podemos ficar fora delas.

> FINALMENTE, IRMÃOS, TUDO O QUE É VERDADEIRO, TUDO O QUE É RESPEITÁVEL, TUDO O QUE É JUSTO, TUDO O QUE É PURO, TUDO O QUE É AMÁVEL, TUDO O QUE É DE BOA FAMA, SE ALGUMA VIRTUDE HÁ E SE ALGUM LOUVOR EXISTE, SEJA ISSO O QUE OCUPE O VOSSO PENSAMENTO. (Fp 4.8)

O segundo motivo pelo qual essa ideia de que "as redes sociais são só uma ferramenta" pode ser enganosa é que, quando você usa uma ferramenta, tem um propósito — você tem um objetivo em mente e sabe a maneira certa de usar a ferramenta escolhida para alcançar esse objetivo. Você não começa a bater um martelo por aí esperando que isso faça surgir uma cadeira. Você tem um projeto. Você corta pedaços de madeira, coloca-os na posição certa e daí usa o martelo. As redes sociais, porém, são algo que costumamos pegar sem qualquer pensamento acerca de como ou por que vamos usá-las.

As redes sociais podem ser uma ferramenta para o trabalho e para o descanso. Contudo, para tirar o melhor proveito delas, temos de nos dar conta de que elas não são uma ferramenta neutra; elas são uma ferramenta com um objetivo específico (um objetivo que pode ser perigoso). Logo, para usá-las bem, precisamos de um plano simples que nos ajude a manter o foco em alcançar nossos objetivos de trabalho e de descanso.

Para isso, temos aqui algumas perguntas a fim de ajudar você a descobrir como usar melhor as redes sociais.

*1. De que forma as redes sociais estão dificultando que eu trabalhe e descanse bem?*

Exemplos de como as redes sociais podem dificultar um bom trabalho:

- evitar tarefas difíceis e ficar rolando a tela de maneira impensada;
- passar mais tempo criando um *feed* perfeito do que criando coisas novas;
- sentir-se esmagada pela comparação com as outras pessoas em vez de focar aquilo que você tem a oferecer;
- deixar sua mente ser preenchida por conteúdos rápidos e fáceis, porém de baixa qualidade, em vez de procurar a verdade comprovada.

Exemplos de como as redes sociais podem dificultar um bom descanso:

- dormir mal porque você "tem" de assistir a "só mais um" vídeo;
- estar disponível para os clientes 24 horas por dia, sete dias por semana, não importa o que aconteça;
- passar mais tempo interagindo on-line com pessoas que você nunca vai ver na vida real do que com as pessoas que Deus colocou ao seu redor;
- ignorar a importância de passar um tempo sozinha e na natureza; em vez disso, ficar sempre consumindo conteúdo.

*2. De que forma as redes sociais estão me ajudando a fazer um bom trabalho e a ter um bom descanso?*

Exemplos de como as redes sociais podem promover um bom trabalho:

- conseguir inspiração para arte, produtividade, negócios, receitas e atividades didáticas;
- compartilhar seu trabalho como escritora, artista ou empreendedora;
- vender produtos ou serviços;
- encorajar pessoas por meio de um conteúdo de qualidade.

Exemplos de como as redes sociais podem promover um bom descanso:

- relaxar com vídeos e *memes* divertidos ou edificantes depois de um dia de trabalho cansativo;
- fazer parte de uma comunidade on-line vibrante, com pessoas que têm interesses semelhantes;
- ser encorajada por conteúdos inspiradores e desafiadores;
- conectar-se e compartilhar a vida com membros da família que moram longe.

*3. Será que as redes sociais são a melhor forma de alcançar meus objetivos de fazer um bom trabalho e ter um bom descanso? Existe uma forma melhor de alcançar esses objetivos?*

Quando, no final de um dia longo, sinto-me exausta, posso escolher ficar olhando as redes sociais ou assistir a um programa com meu marido e meu filho. As duas coisas requerem pouco esforço, mas assistir a algo com a minha família permite que fiquemos juntos e possamos compartilhar uma história.

Quando preciso enviar uma mensagem parabenizando uma amiga, posso escolher mandar diretamente para ela ou postar em sua página. Se desejo honrá-la diante de outras pessoas, postar em sua página talvez seja a melhor forma de fazer isso.

Se estou juntando ideias para um projeto, pedir sugestões à minha comunidade on-line pode ser uma forma ótima de usar meu tempo. Contudo, se estou buscando informações específicas, provavelmente preciso fazer o trabalho mais difícil de pesquisar ou ir atrás de um especialista no assunto.

*4. Se as redes sociais forem a melhor ferramenta para alcançar certo objetivo, quais estratégias práticas posso utilizar para fazer isso da melhor forma?*

A melhor estratégia que encontrei é reservar um minuto para planejar "quando", "onde" e "como".

*Quando*: De quanto tempo preciso para alcançar meu objetivo? Quais dias da semana e quais horários são melhores para eu entrar nas redes sociais?

*Onde:* Vou usar as redes sociais em meu celular? Posso usar um computador ou um tablet para evitar me distrair no celular o tempo todo?

*Como:* Como fazer para me manter dentro dos limites que eu mesma estabeleci? Quais estratégias posso implementar para ter a certeza de que as redes sociais não vão atrapalhar meu trabalho ou meu descanso?

Fazer essas perguntas para refletir sobre como usar melhor as redes sociais pode parecer algo desnecessário e até mesmo exagerado, mas não acho que esse seja o caso. As pessoas por trás de nossas telas estão trabalhando duro e investindo muito dinheiro para alcançar seus objetivos pessoais e corporativos através de nosso uso das redes sociais. Se simplesmente "seguirmos o fluxo", acabaremos seguindo o fluxo *deles*.

## NÃO SE ESQUEÇA DE PREENCHER O TEMPO OCIOSO

De posse de uma lista das tarefas que as redes sociais podem ajudar-nos a fazer, bem como um plano de como vamos utilizá-las bem, temos de considerar o que fazer quando *não estivermos* on-line. Muitas de nós já tentamos fazer um "detox de redes sociais": roendo as unhas por uns dias, uma vez por ano, a fim de nos manter longe das redes sociais. Embora essa possa ser uma boa forma de recuperar o foco (e você pode ler mais a esse respeito no capítulo 8), desaparecer e reaparecer sem um plano não é uma estratégia sábia.

Imagine que você vive à base de salgadinhos, bolo e refrigerante. Uma vez por ano, porém, você decide "fazer um detox" e ficar à base de alface e água por uma semana. Quando essa semana terminar, você volta à sua dieta habitual. Será que essa é uma boa estratégia para produzir um corpo saudável? É claro que não. Nada disso é saudável — nem a dieta habitual, com uma comida desprovida de qualidade, nem a dieta detox, com toda a ansiedade que causa. O que precisamos não é pular de um extremo a outro, e sim desenvolver uma dieta nutritiva e equilibrada, uma dieta que seja sustentável e prazerosa.

Não é sábio apenas seguir o fluxo e usar as redes sociais sempre que der vontade. Por isso precisamos refletir sobre os limites que podemos estabelecer para o uso das redes sociais (como fizemos nas perguntas acima). No entanto, também não é sábio apenas deletar nossos aplicativos de redes sociais de vez em quando, resistir ao medo de ficar por fora e, depois, voltar para aquela velha forma prejudicial de usar as redes sociais.

Portanto, se você for fazer uma pausa no uso das redes sociais, use-a para se lembrar de como é bom ter uma vida real.

Em geral, ficamos cegas àquilo que é bom porque estamos ocupadas demais com aquilo que é fácil. Parece que esquecemos que a vida real é muito mais bonita do que viver através das telas. E, apesar disso, estarmos cientes da beleza de nossa vida real é crucial no processo de planejar e manter boas práticas nas redes sociais. Então, pegue aquela lista de coisas que você sempre quis fazer, mas nunca teve tempo; coisas que promovem um bom trabalho e um bom descanso, coisas que parecem paradisíacas ou até mesmo coisas triviais, como:

- assar *cookies*;
- fazer caminhadas matinais;

- visitar um museu ou uma biblioteca;
- trabalhar em um lugar bonito sem acesso à internet;
- aprender um novo idioma;
- convidar pessoas para um jantar semanal em sua casa.

Lembre-se: eliminar o que nos faz tropeçar é necessário, mas não é suficiente. Temos de nos encher das coisas que nos fazem florescer. Não podemos nos contentar em eliminar aquilo que faz mal; precisamos nos cercar daquilo que faz bem.

## FEITAS PARA TRABALHAR; FEITAS PARA DESCANSAR

Fomos feitas para trabalhar. Deus nos criou para criar. Ele nos formou como criaturas capazes de encher a terra e dominá-la. O pecado dificultou nosso trabalho, mas isso não muda o fato de que fomos feitas para mostrar a majestade de Deus por meio dos nossos esforços.

Também fomos feitas para descansar. Em sua infinita sabedoria, Deus nos formou como criaturas que precisam render-se ao sono por cerca de um terço da vida, para "funcionar" adequadamente. O pecado prejudicou nosso descanso, mas isso não altera o fato de que fomos feitas para mostrar a majestade de Deus através de nosso descanso.

Nossos dias, semanas e anos consistem em ritmos de trabalho e descanso. Somos chamadas a tirar o máximo de proveito deles, glorificando a Deus e desfrutando-o a cada passo do caminho.

Existem muitas coisas em nossas vidas que interferem nesses ritmos santos e que não podemos mudar: ficamos doentes, perdemos empregos, sofremos uma enchente, as aulas na escola são canceladas. Mas também há muitas outras coisas (coisas pequenas, cotidianas, tão comuns que nos sentimos tentadas a ignorar) que interferem nesses ritmos santos e que *podemos* mudar.

Você pode fazer uma escolha. E essa escolha talvez seja não ter de fazer uma escolha. Você pode decidir — pelo menos por uma parte do tempo — manter distância das páginas e plataformas das redes sociais e, em vez disso, buscar desfrutar aquilo que é verdadeiro, bom e belo ao seu redor.

## QUESTÕES PARA REFLEXÃO OU DISCUSSÃO

*Para começar:* Quanto tempo você gasta diariamente nas redes sociais? Quantas vezes por dia você as acessa? Como se sente em relação à quantidade de tempo que você gasta nas redes sociais?

1. "Estamos impressionadas" (p. 113). Em que sentido estamos "impressionadas" com as redes sociais? Qual aspecto das redes sociais impressiona você?
2. Em que sentido as redes sociais são uma ferramenta? Em que sentido diferem de outras ferramentas (como um martelo ou uma tesoura)?
3. Leia novamente as quatro perguntas das páginas 116-119 e pare um pouco para responder honestamente. Traga suas respostas perante o Senhor em oração, pedindo a ele sabedoria para usar bem as redes sociais.
4. Cite algumas coisas prazerosas que você sempre quer fazer, mas para as quais raramente encontra tempo. Quais dessas coisas você pode fazer esta semana em vez de gastar tempo com as redes sociais?

*Estudo adicional:* Leia Deuteronômio 6.4-9.
1. Qual é o mandamento do versículo 5? Qual é o mandamento dos versículos 6-9?
2. Qual é a relação entre nosso amor por Deus e conhecer, meditar e obedecer à sua Palavra?
3. Que efeito haveria em sua vida se você priorizasse a Palavra de Deus em todas as oportunidades mencionadas nos versículos 7-9?
4. É muito comum as *redes sociais* serem aquilo que nos ocupa quando nos sentamos em nossas casas, andamos pelo caminho, deitamos e levantamos. Em que momentos você se volta para as redes sociais, e não para a Palavra de Deus?
5. Onde você percebe que necessita de melhores padrões de trabalho e descanso? Peça ajuda ao Senhor.

# 8
# DECISÕES: ESCOLHENDO FICAR OU SAIR

*EMILY JENSEN*

Em 4 de outubro de 2021, Instagram, Facebook e WhatsApp ficaram indisponíveis. Durante seis horas, usuários de todo o mundo abriram seus aplicativos e navegadores e encontraram mensagens de erro — sem novas postagens, sem novas notificações, sem novas mensagens. Sem poder criar, comentar ou consumir. Durante boa parte daquela segunda-feira, bilhões de pessoas tiveram de encontrar outra coisa para fazer.

Pouco depois do apagão, os *memes* começaram a aparecer. Figuras de pessoas falando no celular: "O Instagram está fora do ar! Descreva seu almoço para mim!". Cenas de uma sociedade linda e próspera com pessoas curtindo a vida ao ar livre: "O mundo daqui a uma semana se o Instagram e o Facebook não forem consertados". E postagens no Twitter de usuários lamentando a existência das redes sociais, argumentando que todos ficaríamos muito melhor se essas plataformas nunca mais voltassem a funcionar.

Essa interrupção forçada das redes sociais gerou um grande alvoroço, e o consenso foi surpreendentemente claro: talvez não estejamos perdendo muita coisa. Talvez essa tenha sido uma interrupção bem necessária.

Alguma vez você já desejou dar uma pausa nas redes sociais? Depois de uma pandemia, de eleições turbulentas e do aumento da divisão entre os cristãos on-line, talvez você esteja se sentindo cansada. O que costumava ser um lugar divertido para compartilhar fotos de seu café da tarde, de suas últimas férias e do primeiro dia de aula de seus filhos agora parece um campo de batalha, repleto de ansiedades para atribular seu coração, sua fé e seu apoio a diferentes linhas de pensamento. O que costumava ser uma oportunidade de se conectar com amigos e família, e de aprofundar relacionamentos e comemorar as bênçãos uns dos outros, agora parece ser uma oportunidade de observar o orgulho uns dos outros, bem como suas técnicas sagazes de vendas.

Plataformas como Instagram e TikTok trazem informação, entretenimento e contato direto com a vida das pessoas com quem você se importa, mas também afundam você com sugestões, estímulos e novidades com que se preocupar a cada minuto do dia.

Até onde isso vai levá-la? Será que você deveria continuar usando as redes sociais?

## SINAIS DE EXCESSO DE REDES SOCIAIS

Vários anos atrás, fiz minha primeira pausa prolongada no uso das redes sociais depois de notar alguns sintomas preocupantes em minha vida:

- Meus aplicativos de redes sociais consumiam uma quantidade cada vez maior de tempo e atenção. Enquanto eu esperava alguma coisa, instintivamente pegava meu celular para ocupar os segundos ociosos.
- Era difícil concentrar-me e curtir ler livros ou outras coisas mais longas. Eu lia um parágrafo ou dois, e já me via pulando partes ou deixando meus pensamentos divagarem.
- Era difícil concluir projetos que demandavam reflexão profunda, pesquisa ou habilidade de resolver problemas.
- Era comum eu me sentir dispersa e incapaz de completar as tarefas diárias com eficiência.
- Às vezes minha mente ficava confusa, processando dezenas de pensamentos, mas apenas superficialmente.
- Fiquei com uma ansiedade leve sem relação com circunstâncias específicas, e me sentia insatisfeita e sobrecarregada com muitos aspectos da vida.
- Oração, estudo bíblico e livros cristãos clássicos foram se tornando cada vez menos empolgantes e atraentes.
- Meu prazer em ficar ao ar livre e praticar atividades simples diminuiu.
- Eu me sentia menos criativa e menos empolgada em aprender coisas novas.

Na época, eu não sabia, mas estava passando por boa parte dos efeitos colaterais comuns do uso frequente das redes sociais. Embora represente uma simplificação excessiva dizer que as redes sociais foram a causa direta de todos os itens dessa lista, a ligação entre eles era real.

Muitos anos depois, após várias pausas de um mês nas redes sociais — e uma que durou quase um ano —, algo mudou em mim. Hoje, com novos limites e novos hábitos, muitos daqueles sintomas desapareceram. Penso naquela época e vejo que meu cérebro e meu coração estavam sofrendo. Eu precisava mitigar os efeitos das redes sociais em minha vida para poder servir a Cristo com mais fidelidade e amar os outros com maior intensidade.

Não é que as redes sociais sejam totalmente prejudiciais ou nunca devam ser usadas, mas todos nós seríamos beneficiados se avaliássemos nossos hábitos — assegurando-nos de que essa tecnologia está servindo ao propósito maior de Deus em nossas vidas. Como Paulo disse aos coríntios: "'Todas as coisas me são lícitas', mas nem todas convêm.'Todas as coisas me são lícitas', mas eu não me deixarei dominar por nenhuma delas" (1Co 6.12).

Isso também se aplica às redes sociais. Temos de avaliar se elas estão nos dominando, de que maneira estão afetando nosso testemunho e o que significa usá-las com sabedoria.

## TUDO BEM SAIR DAS REDES SOCIAIS

> CERCA DE 65% DAS MULHERES QUE RESPONDERAM À PESQUISA DISSERAM À TGC QUE ÀS VEZES GOSTARIAM DE PODER SAIR DAS REDES SOCIAIS.

Existe uma influenciadora popular apelidada de "Vovó do Instagram". Ela começa quase todos os seus vídeos com a seguinte pergunta: "Sua mãe já te disse... ?" e termina com algo que minha mãe deve ter me dito, mas provavelmente eu era nova demais para me importar com isso. Hoje, sou toda ouvidos para a sabedoria de mães (e avós). E, embora eu não seja sua mãe, quero lhe dizer algo que talvez você esteja precisando ouvir. Está preparada?

*Tudo bem sair das redes sociais.*

Antes de você começar a me dizer "sim, mas...", pare para pensar nessa informação por um instante.

Hoje (ou amanhã, ou na semana que vem), você poderia sair de suas contas, excluir os aplicativos de seu celular, desabilitar seus perfis, e pronto. Por quanto tempo você quiser ou precisar.

Como você se sente diante dessa ideia? Assustada? Agitada? Empolgada? Aliviada? E se você acha que não consegue dar um tempo nas redes sociais, nem mesmo durante o fim de semana, qual é o motivo?

Eu sei que, do ponto de vista logístico, pode ser um desafio. Talvez você cuide da linha de frente de comunicação de sua empresa ou talvez seu trabalho consista em gerenciar as redes sociais de outra empresa. Ou talvez você crie conteúdo ou produtos que se beneficiam do compartilhamento on-line. Isso pode dificultar fazer pausas e estabelecer limites, mas, com planejamento, é possível. Mesmo que sua fonte de renda esteja atrelada às redes sociais, você não precisa ser dominada por elas. Se você sente necessidade de fazer uma pausa, peça que o Senhor lhe dê criatividade e sabedoria para encontrar um meio de sair das redes sociais por um tempo.

Porém, se sua fonte de renda não está atrelada ao uso das redes sociais e você as usa mais para entretenimento, o que a impede? Se você adoraria dar um tempo nas redes sociais ou sonha com uma vida sem elas, por que não torna isso realidade? Meu palpite é que aquilo que impede você é uma espécie de medo de ficar por fora das coisas.

É normal sentir medo de ficar desinformada. Fomos programadas para viver em comunidade e amamos conhecer e nos envolver com a vida de outras pessoas. E se você perder algumas fotos bonitas ou não ficar sabendo dos últimos acontecimentos do mundo cristão? E se você não ouvir notícias importantes ou um comunicado local que poderiam afetar sua vida? E se você perder a oportunidade de construir relacionamentos, ganhar seguidores ou compartilhar algo relevante? O medo de ficar por fora é capaz de nos aprisionar.

Mas o que estamos perdendo se nunca fizermos uma pausa? Em meus períodos sabáticos fora das redes sociais, tenho percebido mudanças em minha mente e em meu coração. Minha criatividade volta. Consigo novas ideias para escrever. Meu gosto pela leitura volta. Passo mais tempo ao ar livre. Sou capaz de servir e cuidar da minha casa com mais eficiência e sem o coração dividido. Em algum ponto do caminho, deixo de sentir aquele medo de ficar fora das redes sociais e, em seu lugar, começo a sentir alegria por isso.

Talvez você pense no que tem a perder, mas já pensou no que tem a ganhar?

Quem poderia lhe dizer isso é Elizabeth Blackburn, vencedora do Prêmio Nobel da Paz. Na companhia da psicóloga Elissa Epel, ela estuda os telômeros, a parte do DNA humano que ajuda a determinar as doenças relacionadas à idade e ao tempo de vida das células. Em um estudo sobre realizar múltiplas tarefas e deixar a mente divagar, elas descobriram que as mulheres cuja mente não está focada nas pessoas e nas tarefas diante de si tinham telômeros mais curtos, correndo maior risco de envelhecimento e adoecimento prematuros.[1] A conclusão, baseada em outros estudos, mostrou que as pessoas que focavam em uma coisa de cada vez tinham telômeros mais longos e reportavam maiores níveis de felicidade e satisfação com a vida. Ao que parece, o ato de rolar a tela induzido pela distração pode afetar-nos em nível celular.

Embora Deus seja soberano sobre nossa saúde e o tempo de vida celular, ainda somos mordomos e servos de seu reino. E se deixar as redes sociais pudesse melhorar sua saúde e fortalecer sua capacidade de concentração, permitindo, assim, que você possa amar mais as pessoas que Deus colocou em sua vida? E se deixar as redes sociais significasse que você estaria mais empolgada para orar e ler a Bíblia, e mais admirada com seu Salvador do que nunca?

Se você é cristã, já tem o relacionamento mais importante que existe e já faz parte da história mais incrível de todas. Como seguidora de Cristo, você é filha de Deus. Você tem o Espírito vivendo em seu interior. Você é parte da igreja e até mesmo suas obras comuns e que passam despercebidas pelas pessoas são importantes para Deus. Você pode experimentar a maravilha e a beleza do mundo que Deus criou e adorá-lo todos os dias. Você pode esperar um lar no céu, uma festa com os santos e zilhões de zilhões de "anos" para se deleitar em Deus. Eu lhe garanto: se você deletar o Instagram, não vai perder nada.

---

1 Elizabeth Blackburn e Elissa Epel, *The telomere effect: a revolutionary approach to living younger, healthier, longer* (Nova York: Grand Central Publishing, 2017), p. 104-5.

## MAS AS REDES SOCIAIS NÃO SÃO UM CAMPO MISSIONÁRIO?

Uma das principais objeções que ouço em relação a sair das redes sociais é que elas são a praça pública de nossa sociedade — o lugar no qual podemos nos reunir, compartilhar informações e comunicar ideias. Com certeza esse é um lugar em que os cristãos precisam estar. Não é?

> PORQUE O SENHOR ASSIM NO-LO DETERMINOU:
> "EU TE CONSTITUÍ PARA LUZ DOS GENTIOS,
> A FIM DE QUE SEJAS PARA SALVAÇÃO ATÉ AOS
> CONFINS DA TERRA". (AT 13.47)

É verdade que os cristãos são chamados a ser luz nas trevas. Fomos todos feitos para uma vida sacrificial porque seguimos o Salvador e trabalhamos na força do Espírito. Só porque algo é difícil ou custoso não significa que devemos abandoná-lo. Em termos de redes sociais, temos de comparar as recompensas do reino relacionadas a ficar ou sair.

É importante lembrar que coisas boas têm acontecido on-line. A luz de Cristo está brilhando ali. Tenho ouvido histórias de mulheres que vieram à fé porque depararam com postagens que, em algum momento, as levaram a ouvir e crer no evangelho. Eu mesma tenho sido abençoada por outros cristãos nas redes sociais e consigo pensar em várias áreas de minha teologia que foram moldadas por postagens de professores bíblicos bem embasados. Por outro lado, ao observar as pessoas on-line, tenho sido alertada em relação aos erros.

Assim como precisamos de verdadeiros cristãos fazendo discípulos em casa, no trabalho, na vizinhança e em campos missionários do outro lado do mundo, também precisamos de cristãos nas redes sociais. Algumas de nós devem ficar.

Como saber se você é uma dessas pessoas que devem permanecer nas redes sociais?

*Considere as responsabilidades que Deus lhe deu.* Compare a carga de sua rotina com seu tempo, habilidade e motivação para estar nas redes sociais. Por exemplo, se você está ocupada com trabalho, voluntariado e tarefas domésticas, e usa as redes sociais para diversão, então seria bom (ou ideal) que as redes sociais ocupassem um espaço pequeno em sua vida. Contudo, se comunicar o evangelho nas redes sociais (direta ou indiretamente) é o principal foco de sua missão diária ou se você tem uma empresa on-line e sua renda está atrelada às redes sociais, então seria importante ficar.

*Considere seu nível pessoal de tentação e luta contra o pecado.* Se você está continuamente lutando contra inveja, arrogância, calúnia, orgulho, fofoca, amargura e discussões — se as redes sociais fazem você ser levada pela maré da cultura —, então talvez seja chegada a hora de fazer uma pausa prolongada ou dar um basta. Talvez ajude comparar as redes sociais a outras coisas que são questão de consciência, mas que podem ser prejudiciais, como ver televisão ou consumir álcool. Alguns cristãos conseguem fazer isso de forma regrada e apropriada, mas outros dizem "não" de vez.

## TENHO DE SAIR PARA SEMPRE?

Você deve ter percebido que, embora eu tenha feito muitas pausas (às vezes longas), ainda tenho minhas contas nas redes sociais.

Descobri que, para mim, ficar e sair não têm de estar em oposição. Há uma forma de neutralizar os efeitos prejudiciais das redes sociais sem ter de abandoná-las. "Deixar as redes sociais" pode significar apagar todos os seus aplicativos e contas, e nunca mais voltar, mas também pode significar sair:

- por várias horas ao dia,
- em dias específicos da semana,
- por um período prolongado uma vez por ano,
- de uma plataforma específica,
- da obrigação de ter de postar todos os dias,
- da pressão de ter de responder a cada comentário ou mensagem direta, ou
- da influência de certas pessoas e organizações.

Talvez a melhor forma de tomar essas decisões seja começar criando uma declaração de missão, a fim de entender, para início de conversa, por que você está nas redes sociais. Então, você pode focar sua energia, estabelecer limites e deixar que as redes sociais sirvam ao propósito de Deus em sua vida.

Aqui estão dois exemplos:

*Como uma usuária com conta privada, compartilho acontecimentos marcantes e memórias divertidas com meus amigos e a família. Uso as redes sociais para aprofundar relacionamentos com minha comunidade da vida real e para manter contato com pessoas que não vejo com muita frequência. Minhas postagens devem ser uma luz no dia de outras pessoas.*

Como proprietária de uma pequena fábrica de velas, uso as redes sociais para falar de novos produtos, avisar sobre promoções, mostrar os bastidores de como as velas são feitas e aumentar a popularidade da marca. Uso técnicas de vendas honestas e fotos originais. Minhas postagens dão aos potenciais compradores a informação que eles querem e de que precisam, sem sobrecarregá-los.

> CERCA DE 71% DAS MULHERES QUE RESPONDERAM À TGC JÁ SAÍRAM DE ALGUMA PLATAFORMA DAS REDES SOCIAIS. DESSE TOTAL, 10% RETORNARAM APÓS ALGUNS DIAS; 26%, APÓS ALGUMAS SEMANAS; 30%, APÓS ALGUNS MESES; E 34% NUNCA MAIS RETORNARAM ÀQUELA PLATAFORMA.

Essas duas mulheres vão utilizar as redes sociais de formas diferentes e suas declarações de missão vão ajudá-las a definir suas estratégias para isso, inclusive em relação ao momento e à forma de "sair" ou fazer pausas.

Se você ainda está preocupada quanto a perder notícias, eventos sociais, contatos profissionais, vendas de produtos e acontecimentos especiais na vida de seus amigos e da família, compartilhe sua preocupação com outras pessoas e passe um tempo buscando alternativas para resolver esses problemas.

Se você tem um negócio, crie uma lista de e-mails para que possa se comunicar diretamente com seus principais clientes. Defina prazos para responder nas redes sociais e informe outras maneiras de eles entrarem em contato com você. Envie mensagens de texto ou crie um grupo no WhatsApp com seus amigos e a família — acesse com regularidade e avise para mandarem fotos e novidades. Se você usa as redes sociais para se manter atualizada, peça que uma amiga se comprometa a lhe contar os principais acontecimentos, e encontre outras maneiras de ler as notícias locais e nacionais. Cadastre-se em listas de e-mail relevantes para não perder datas importantes ou promoções. As redes sociais são incrivelmente convenientes para você se manter a par de tudo o que acontece, mas não são a única forma de fazer isso.

## VOCÊ NÃO TEM DE ESTAR NAS REDES SOCIAIS

Para nós, que somos mulheres em um mundo superconectado, a vida pode parecer cheia de requisitos. Parece que temos de nos casar, ter filhos, adquirir uma casa própria, sair de férias uma vez por ano, ter uma carreira notável e liderar um grupo de estudo bíblico feminino em nossa igreja. Parece que temos de ser fisicamente atraentes, estilosas, eloquentes e criativas. Parece que precisamos ter lucros visíveis, com grandes resultados e números elevados. Pode até começar a parecer que temos de estar no Facebook, Instagram, Twitter, YouTube e TikTok. Afinal, é isso que "todo mundo" faz. Parece importante. Parece um requisito.

Mas aqui está um lembrete amigo: usar as redes sociais não é requisito para entrar no céu ou para ser santa.

Quando se trata da nossa vida, é importante termos em mente os requisitos de Deus. Deus requer que sejamos santas como ele é santo (Lv 19.2; 1Ts 4.7); que sejamos sem pecado e perfeitas (Mt 5.48); que o amemos de todo o nosso coração, alma, mente e forças, e que amemos nosso próximo como a nós mesmas (Mt 22.36-40); que façamos discípulos e que sigamos todos os seus mandamentos (Jo 14.15; Tg 1.22). Se cumprir esses requisitos dependesse de nós e de nossas habilidades, estaríamos em apuros.

Simplesmente não conseguimos fazer nada disso. Ficaríamos de fora do reino, sofreríamos a ira de Deus e estaríamos separadas dele para sempre (1Jo 3.8-10; Rm 2.6-8).

Porém, Cristo veio e cumpriu todos os requisitos de Deus para pagar pelos pecados do mundo — em favor de homens e mulheres que, um dia, se arrependeriam e creriam nele (1Pe 2.24). Quando seguimos Cristo e depositamos nele nossa esperança de justiça e santidade, cumprimos os requisitos de Deus. Que dom gracioso (Ef 2.8-9)!

Com o Espírito em nós, estamos sendo santificadas até o fim de nossas vidas — para nos apegarmos à verdade, produzirmos frutos e realizarmos boas obras (Hb 3.12; Tg 1.12). Mas o mais empolgante é que, se estamos em Cristo, *vamos* fazer essas coisas, mesmo enfrentando as dificuldades e o cansaço da jornada (1Pe 1.5; Jd 1.24).

E o encorajamento para nós, mulheres do século 21, é que podemos crer no evangelho, amar a Deus, servir aos outros e executar uma obra incrivelmente frutífera para o reino sem jamais precisar criar um nome de usuário ou postar uma foto a esse respeito. Deus pode "curtir" o que você está fazendo, mesmo que você nunca ganhe uma única curtida.

As redes sociais podem ser uma ferramenta incrível para relacionamentos, negócios e até mesmo para o ministério? Com certeza, sim. Mas é um requisito divino que você esteja nelas? Não, de forma alguma.

Quer continue ou não a usar as redes sociais, você pode ser uma mulher que não se abala com um apagão mundial — porque você sabe que pode glorificar a Deus em qualquer situação. Um dia, as redes sociais vão envelhecer e morrer, então deposite sua esperança naquele que nunca falhará.

## QUESTÕES PARA REFLEXÃO OU DISCUSSÃO

*Para começar:* Você se lembra do dia em que as redes sociais ficaram indisponíveis (ou de algum outro momento em que você não conseguiu acessá-las)? Como foi sua experiência? Cite uma bênção inesperada que aconteceu naquele dia.

1. Leia novamente a lista de Emily acerca dos efeitos negativos que as redes sociais tiveram em sua vida (p. 127). Quais desses efeitos negativos você já experimentou? Que outras coisas você poderia acrescentar?
2. O que você poderia perder se saísse das redes sociais? O que você poderia ganhar?
3. Considerando o que você poderia perder, existe alguma forma de mitigar essas perdas? Cite algumas maneiras de estar conectada e receber informações sem precisar estar nas redes sociais.
4. Existe alguma forma de "sair" das redes sociais que você gostaria de pôr em prática em sua vida? Você gostaria de sair em dias específicos ou em momentos específicos? Você gostaria de sair de plataformas específicas? Você gostaria de sair de vez? Passe um tempo elaborando um plano escrito de como você irá usar as redes sociais.

*Estudo adicional:* Leia 1 Coríntios 6.12-14.

1. Que contraste Paulo ressalta no v. 12?
2. O que significa não se deixar dominar por coisa alguma (v. 12b)?
3. A quem nós pertencemos (v. 13b-14)? Quais consequências isso deveria ter em nossas vidas?

4. As redes sociais são "lícitas"? Elas "convêm" em sua vida? Você já foi "dominada" por elas?
5. Como as verdades desse versículo poderiam ajudá-la a pensar em sua relação com as redes sociais? Como as verdades desse versículo poderiam ajudá-la a sair das redes sociais ou a limitar seu uso delas?

*POSFÁCIO*
# FAZENDO BOAS POSTAGENS

*RUTH CHOU SIMONS*

À s minhas colegas criativas e produtoras de conteúdo nas redes sociais:

Sei que você está tentando ser uma boa administradora dos bons dons de Deus enquanto atravessa as tensões das redes sociais — um espaço que é, ao mesmo tempo, belo e difícil. Que privilégio é poder escrever, falar, criar, inspirar, produzir e compartilhar a perspectiva única que nosso Deus Criador lhe deu; esses são tempos de oportunidades sem precedentes. Sei que você está orando e pensando em como se envolverá com as redes sociais e com que frequência vai criar conteúdo. Você vê o potencial. Você quer alcançar o máximo possível de pessoas com a mensagem que Deus colocou em seu coração. As redes sociais são uma ferramenta extraordinária que amplifica qualquer voz, e você enxerga seu valor. E talvez, quando pensa em redes sociais, você também esteja ciente de como Deus tem providenciado o sustento financeiro por meio delas. Com um coração agradecido, você se vê dizendo: "De que forma as pessoas saberiam como comprar meu livro, ouvir minha música, contratar meus serviços ou investir em meus produtos se não fosse pelas redes sociais?".

Você ama a obra para a qual foi chamada e, mesmo assim, às vezes o custo parece ser alto demais (*onde foi parar meu tempo?*). Às vezes, você duvida da criatividade que a fez começar (*ela é muito melhor do que eu, talvez eu deva desistir!*). Às vezes, você se pergunta se Mateus 16.26 ("Pois que aproveitará o homem se ganhar o mundo inteiro e perder a sua alma?") se aplica às pessoas que ficam tão absorvidas pelas redes sociais que começam a se sentir servindo a uma ferramenta, em vez de se servirem dela. Talvez você tenha começado a perguntar: "Senhor, é possível que eu seja uma boa administradora de meus dons e talentos nas redes sociais, provendo de forma criativa para minha família através dos meios que o Senhor me concedeu, sem me sentir dominada pela distração e o descontentamento, para o prejuízo de meu coração e de minha mente?".

Quero encorajar você como uma colega criadora de conteúdo e dona de uma empresa on-line, alguém que tem lutado com essas coisas há quase uma década nas redes sociais. Se posso lhe dar um conselho, é somente porque conheci em primeira mão a dificuldade de lidar com as oportunidades de publicar, falar, influenciar, inspirar e criar uma renda a partir de meu tempo constante nas redes sociais ao longo dessa quase uma década. O que é preciso para se beneficiar das redes sociais e não ser prejudicada por elas?

## LEMBRE-SE DO MOTIVO PELO QUAL VOCÊ ESTÁ LÁ

*As redes sociais tornam a obra de Deus em sua vida acessível a muitas pessoas.* Se o objetivo é tornar conhecida a fidelidade de Deus em nossas vidas, devemos cultivar o verdadeiro conhecimento da fidelidade de Deus em nossas vidas *fora* das redes sociais. Não podemos oferecer aquilo que não temos de verdade. Quando pensamos nas redes sociais menos como um lugar para se produzir e mais como um lugar para se transbordar, então o tempo gasto em uma plataforma deixa de ser um fim em si mesmo e se torna um meio. Lembre-se de que sua presença nas redes sociais não tem tanto a ver com *sua* mensagem, *seus* talentos, *sua* missão ou *sua* renda, e sim com a imagem de Deus em sua vida (em todos os momentos, dentro e fora das redes sociais) e com a maneira que essa imagem afeta tudo o que ele lhe deu para fazer.

> POIS SOMOS FEITURA DELE, CRIADOS EM CRISTO JESUS PARA BOAS OBRAS, AS QUAIS DEUS DE ANTEMÃO PREPAROU PARA QUE ANDÁSSEMOS NELAS. (Ef 2.10)

*As redes sociais nos permitem interagir de forma criativa.* Fomos criadas para portar a imagem de Deus e refletir sua criatividade. Meus momentos mais desgastantes nas redes sociais são quando me esqueço de refletir o trabalho e a criatividade de Deus, e em vez disso me comparo com outra pessoa que porta sua imagem — eu me comparo com a criatividade dela, com o estilo dela, com a voz dela e com a habilidade dela de atrair um público. Nada acaba mais comigo do que a comparação! Contudo, quando estou ciente de que Deus me concedeu dons únicos, encontro liberdade na criatividade. Lembre-se de que você só foi chamada para ser a pessoa única que Deus a criou para ser.

*As redes sociais podem favorecer relacionamentos de aconselhamento.* No fundo de nosso ser, todas nós ansiamos por relacionamentos profundos. Embora os melhores relacionamentos ainda sejam aqueles que cultivamos pessoalmente, passando tempo juntas na vida diária, às vezes surgem oportunidades de aconselharmos ou de sermos aconselhadas por alguém que conhecemos on-line. Quando nos sentimos mais motivadas pelo bem dos outros do que por nosso próprio bem e autopromoção, não é difícil investir em mulheres que estão a apenas um passo ou dois atrás de nós nas estações da vida ou dos negócios. Oferecer uma palavra encorajadora, ou simplesmente estar disponível para avaliar uma situação por já ter passado por ela, é um presente inestimável que podemos dar umas às outras.

## GUARDE SEU CORAÇÃO

*Guarde seu coração do egocentrismo.* O perigo de criar e melhorar nossos perfis, conquistar um público e alcançar mais pessoas é que somos naturalmente propensas a adorar a nós mesmas. Nosso coração é uma fábrica de ídolos em busca de alguma oportunidade de colocar fama, riqueza, autoimagem, sucesso ou influência no trono de nossas vidas.

Você provavelmente já passou por isso. Quantas vezes já se debateu com questões relacionadas a *seu* valor, *auto*imagem, *auto*comiseração, dúvidas sobre *si mesma* e *auto*ssatisfação depois de passar um tempo nas redes sociais? Você começa a se sentir muito boa em ficar insatisfeita e muito ruim em confiar em Deus? Guarde seu coração ao guardar seu tempo, seus afetos, sua atenção e aquele a quem você realmente adora.

Uma das maneiras mais eficientes de eu fazer isso é criando o hábito de me sentar para redigir postagens *com* a minha família. Eu lhes digo que preciso escrever uma postagem, compartilho meus pensamentos com eles, peço seu feedback e depois passo um tempo montando a postagem. Fazer isso perto deles, e não enfurnada em meu escritório, cria outro tipo de responsabilidade, tanto pelo conteúdo de minhas postagens como pela quantidade de tempo que passo redigindo-as.

*Guarde seu coração da criatividade reprimida.* Como artista, não me permito passar tempo demais imersa no conteúdo artístico superficial das redes sociais. Se ficarmos apenas interagindo sempre com o que os outros criam, nossa própria criatividade sairá prejudicada. Você já passou um tempo exagerado assistindo a *reels* do Instagram ou vídeos do TikTok? Depois de um tempo, todas as músicas, danças e vídeos engraçados do momento começam a parecer iguais. Você se sente reanimada e criativa depois de passar tanto tempo consumindo esse tipo de conteúdo? Ou se sente entediada e paralisada? Se isso lhe faz mal, é hora de sair do mundo digital e voltar para o mundo analógico — dê um passeio, cozinhe, leia a Bíblia ou ligue para uma amiga.

## ATIVIDADES FRUTÍFERAS NAS REDES SOCIAIS

Então, como podemos interagir nas redes sociais de maneira frutífera? Amiga, eu gostaria de lhe dar algumas ideias dos meus lembretes diários para mim mesma:

*1. Redija uma declaração de missão nas redes sociais*

No capítulo 8, Emily sugeriu criar uma declaração de missão nas redes sociais para ajudar a decidir ficar nelas ou não. Para nós, que temos ministérios ou negócios nas redes sociais, esse passo é crucial. Minha declaração é:

*Nas redes sociais, Ruth Chou Simons existe para mostrar a um mundo cansado e distraído a esperança do evangelho, por meio da interseção entre beleza e verdade de uma vida firmada em Cristo.*

Sua declaração pode ser simples, mas, quanto mais específica e detalhada for, mais será útil para você. Sua declaração deve ajudá-la a se realinhar com o porquê de você realmente estar nas redes sociais. Em geral, o padrão de declaração de missão nas redes sociais é conseguir o máximo de seguidores que você puder, usando os meios ao seu alcance. Para nós, seguidoras de Jesus, essa não pode ser a maneira de agir. Nossa missão não pode resumir-se a atrair pessoas para nós mesmas, pois somos chamadas a atrair pessoas para Cristo. Muitas vezes, quando estou de mau humor ou frustrada em relação a uma postagem que estou criando, a pergunta que preciso fazer a mim mesma é: "Para quem estou apontando?". Quanto mais apontar para mim mesma, mais infeliz serei.

*2. Aceite prestar contas*

Se você realmente quer usar as redes sociais para amplificar sua voz, precisa ter pessoas que a façam ser fiel a quem você é dentro e fora das telas. Recentemente, ouvi Ed Stetzer dizer:

"Há muitos jovens pastores cuja habilidade os levou à fama antes que seu caráter estivesse pronto para isso".[1] De repente, me veio à mente que se pode dizer o mesmo de qualquer pessoa que tenha "seguidores" nas redes sociais.

Preciso de freios que impeçam que eu me perca aos olhos do público, nas redes sociais e numa indústria que leva todo produtor de conteúdo a pensar em si mesmo como uma marca, como algo maior do que ele deveria ser. Mantenho Filipenses 2.3 sempre em mente: "Nada façais por partidarismo ou vanglória, mas por humildade, considerando cada um os outros superiores a si mesmo".

Se nenhum de seus amigos da vida real entende o contexto daquilo que você posta on-line e se nenhum de seus amigos on-line a conhece na vida real, então você está muito dividida. Ou pior, você está fazendo de tudo para haver um desastre em sua vida. Não existe ninguém que tenha um caráter forte ou nobre o suficiente para não precisar prestar contas — na verdade, quanto mais madura e piedosa você for, mais ciente estará da necessidade de que outros conheçam sua vida e falem sinceramente sobre ela.

### 3. Crie a partir de um transbordar

Não existimos para produzir conteúdo; existimos para estar cheias da presença de Deus. E, quando estamos cheias, transbordamos.

---

[1] Mike Cosper, "Episode 1: Who killed Mars Hill?" The rise and fall of Mars Hill (podcast), 21 jun. 2021. Disponível em: https://www.christianitytoday.com/ct/podcasts/rise-and-fall-of-mars-hill/who-killed-mars-hill-church-mark-driscoll-rise-fall.html.

### *4. Busque servir a outras pessoas*

Uma atitude de serviço transforma o espaço das redes sociais. Se seu perfil é puro marketing e momentos da vida melhorados para que pareçam perfeitos, então todo o seu *feed* estará cheio de postagens do tipo "Olhe para mim e me dê alguma coisa, já que você está aqui". Contudo, quando pensamos nas redes sociais como mais uma forma de servirmos a outras pessoas e amplificar aquilo que Deus está fazendo em nossas vidas, isso muda tudo.

### *5. Trate seu perfil como uma sala de estar virtual*

Gosto de pensar em meu perfil nas redes sociais como a sala de estar virtual de minha casa. Isso me ajuda a tratar esse espaço e as pessoas que nele estão da mesma forma que eu trataria minha casa e as pessoas que convido para me visitar.

Essa abordagem é uma forma bem prática de evitar um perfil exibicionista, uma forma de não ficar "viciada em mim mesma" ao compartilhar minha vida. Pensar em como eu trataria alguém com meu tom de voz, minhas respostas e até mesmo meus assuntos me ajuda imensamente.

> CERCA DE 80% DAS MULHERES
> QUE RESPONDERAM À PESQUISA DA TGC DISSERAM
> QUE SEGUEM INFLUENCIADORES E LÍDERES ON-LINE.

Se convido uma amiga nova para visitar minha casa, não abro a porta e finjo que minha vida é perfeita. Não costumo iniciar uma conversa dizendo: "Veja minha casa e minhas coisas!". Não lhe entrego um copo de café e começo a falar de mim mesma sem parar. Pelo contrário, procuro fazer perguntas, criar laços e ser hospitaleira.

Também não confundo intimidade com hospitalidade. Ser íntima significa compartilhar coisas pessoais, talvez até mesmo coisas constrangedoras. Nossa cultura tem exaltado esse tipo de comunhão como algo "real" e "autêntico", porém, irmãs, a comunhão íntima é apenas para aquelas pessoas em quem você confia.

Em vez de confundir intimidade com hospitalidade, busco oferecer uma hospitalidade generosa. Quero convidar outras pessoas a saberem o que está acontecendo em minha vida, quero acolhê-las. Mas quero fazer isso com sabedoria, assim como eu faria se estivéssemos sentadas em minha sala de estar. Em meu sofá, eu contaria em detalhes o que Deus tem-me ensinado, daria dicas de culinária e falaria dos novos projetos que estou encarando no trabalho.

Por exemplo, você deveria compartilhar on-line todas as coisas que acontecem em seu casamento? E você diria isso a uma amiga nova que convidou para jantar? Provavelmente não. Você pode compartilhar um pouco do que Deus está fazendo e do que você está aprendendo, mas provavelmente não entraria em detalhes sobre a discussão que teve com seu marido. Você pode sentir vontade de digitar: "Estou frustrada porque meu marido não me ajuda mais com a casa!", mas, ao dizer, "Tem sido uma época atarefada e pesada, e Deus tem-me mostrado diariamente como morrer para mim mesma", você honraria mais seu marido, ajudaria as mulheres que passam por todo tipo de situações pesadas a não se sentirem sozinhas e voltaria o olhar dos leitores para a provisão de Deus.

A hospitalidade mantém o foco na experiência compartilhada, e não nos detalhes íntimos. A hospitalidade proporciona a seu "público" um lugar para criar laços, e não um lugar para bisbilhotar a vida alheia. Quando trato meu perfil das redes sociais como uma sala de estar virtual, acolho as pessoas em vez de tentar conseguir uma venda ou um seguidor. Estou ali para servir aos outros durante o tempo em que estiverem em minha casa — e desejo que queiram ficar mais um pouco.

## TEMOS DE DIMINUIR

Portanto, amiga, ao lidar com essas plataformas que mudam constantemente e com oportunidades de crescer, construir, criar estratégias e amplificar sua voz, lembremo-nos daquilo que João Batista, um homem que tinha seguidores, declarou: "Convém que ele cresça e que eu diminua" (Jo 3.30).

Se somos seguidoras de Cristo que buscam a grandeza dele, e não a sua própria, não podemos usar mal nossas bênçãos, desperdiçá-las ou desistir delas, tampouco nos perder no caminho. O desejo pela grandeza de Cristo vai determinar todos os outros.

### QUESTÕES PARA REFLEXÃO OU DISCUSSÃO

*Para começar:* Quais ferramentas você usa para conectar as pessoas a seu conteúdo, arte, ministério, produtos ou serviços? Qual dessas ferramentas tem sido mais benéfica? Por quê?

1. "Você ama a obra para a qual foi chamada e, mesmo assim, às vezes o custo parece ser alto demais" (p. 142). O que você ama em seu trabalho? Quais são os custos associados a ele?

De que maneira seu envolvimento com as redes sociais faz parte desses custos?
2. Leia novamente os motivos de Ruth para se envolver com as redes sociais (pp. 143-144). Quais desses motivos mais influenciam você? Por quê?
3. Releia os alertas de Ruth para quem produz conteúdo (pp. 144-145). Com qual deles você tem lutado? Como?
4. Leia mais uma vez os princípios de Ruth para uma participação sábia nas redes sociais (pp. 146-148). Quais desses princípios você gostaria de praticar com mais intencionalidade? Comece redigindo sua própria declaração de missão e, em seguida, elabore um plano para incorporar alguns desses princípios em seu uso das redes sociais.

*Estudo adicional:* Leia Filipenses 2.1-11.
1. Qual é o mandamento dessa passagem?
2. Quem é o modelo supremo que devemos seguir?
3. De que maneiras Cristo demonstrou um amor abnegado?
4. Pense em um produtor de conteúdo ou empresário que mostra humildade nas redes sociais. Quais coisas essa pessoa faz bem e você gostaria de imitar? Como você, com sua presença nas redes sociais, considera "os outros superiores a si mesma" (v. 3)?
5. Confesse como você tem falhado em administrar seus dons e sua mensagem de maneira generosa nas redes sociais. Peça que o Senhor a capacite a colocar o bem dos outros em primeiro lugar quando você postar. Agradeça pelo Espírito de Cristo que vive em você e gera humildade em sua vida (v. 5).

**FIEL**
MINISTÉRIO

O Ministério Fiel visa apoiar a igreja de Deus de fala portuguesa, fornecendo conteúdo bíblico, como literatura, conferências, cursos teológicos e recursos digitais.

Por meio do ministério Apoie um Pastor (MAP), a Fiel auxilia na capacitação de pastores e líderes com recursos, treinamento e acompanhamento que possibilitam o aprofundamento teológico e o desenvolvimento ministerial prático.

Acesse e encontre em nosso site nossas ações ministeriais, centenas de recursos gratuitos como vídeos de pregações e conferências, e-books, audiolivros e artigos.

Visite nosso site

www.ministeriofiel.com.br

Esta obra foi composta em AJenson Pro Regular 12, e impressa
na Promove Artes Gráficas sobre o papel Apergaminhado 75g/m²,
para Editora Fiel, em Julho de 2023.